# ASTRONOMIE

GESCHICHTE • BILDER • FAKTEN

# ASTRONOMIE

## GESCHICHTE • BILDER • FAKTEN

**DUNCAN JOHN**

Entwurf und Realisation: Atlantic Publishing

Fotografien: Courtesy Science Photo Library



Parragon Books Ltd
Queen Street House
4 Queen Street
Bath BA1 1HE, UK

Übersetzung aus dem Englischen: Ursula Fethke, Köln
Lektorat: Petra Frese, Dortmund
Koordination: trans texas GmbH, Köln

ISBN 978-1-4054-8266-0

Printed in China

# INHALT

# EINLEITUNG

Der Begriff Astronomie leitet sich aus dem Altgriechischen ab, wo er die Sternenkunde bezeichnete. Die Astronomie beschränkt sich jedoch nicht auf das Studium der Sterne, sondern befasst sich mit sämtlichen Himmelsphänomenen und nutzt die Geowissenschaften für die Erforschung aller Dinge jenseits unseres Planeten. Das macht sie zur umfassendsten Wissenschaftsdisziplin. Die Astronomie behandelt alles, was jenseits der Erde vor sich geht. Sie zählt auch zu den ältesten Wissenschaften. Jeder Kultur, von der Antike bis in die jüngste Vergangenheit, war der grandiose Anblick des Sternenzelts vertraut. Heute hindern uns Lichtverschmutzung und das Leben in Gebäuden daran, das Himmelsgeschehen zu beobachten. Überall auf der Welt bildete ein gewisses Maß an astronomischem Wissen einen wichtigen Bestandteil der Kulturen, unabhängig davon, ob sie sich um wissenschaftliche Erklärungen für die am Firmament beobachteten Phänomene bemühten oder nicht.

Der griechische Astronom Ptolemäus (um 100–um 160) glaubte, dass die Erde den Mittelpunkt des Universums bildet und alle Himmelskörper sich in kreisrunden Bahnen um die Erde bewegen. Im Gegensatz zum geozentrischen Weltsystem steht beim heliozentrischen Weltsystem die Sonne im Zentrum.

100 Jahre zuvor hatte der Astronom Aristarchos von Samos (um 310–um 230 v. Chr.) ein heliozentrisches Weltsystem propagiert, das aber abgelehnt wurde. Im Mittelalter war das von der Kirche unterstützte geozentrische Weltbild in Westeuropa dann unantastbar geworden.

Der Astronom und Mathematiker Nikolaus Kopernikus (1473–1543) wurde in der polnischen Stadt Thorn geboren. Zu jener Zeit löste die

Renaissance das Mittelalter ab, in der Astronomie wurde vermehrt Wert auf genaues, wissenschaftliches Beobachten gelegt. Seine Himmelsbeobachtungen fand Kopernikus durch das ptolemäische Weltbild nicht befriedigend erklärt. Kopernikus erkannte als Erster die richtige Reihenfolge der Planeten und degradierte die Erde von ihrer Position im Zentrum des Universums zum dritten „Felsbrocken" im Sonnensystem.

Das neue astronomische Denken fand bei der Kirche keine allzu große Beachtung, bis es zu Beginn des 17. Jahrhunderts nach Italien gelangte. Dort mochte der Mathematiker und Physiker Galileo Galilei (1564–1642) das heliozentrische Modell nicht ohne ausreichende Beobachtungsbelege akzeptieren. Zu diesem Zweck richtete er erstmals das kurz zuvor in Holland erfundene und von ihm verbesserte Fernrohr auf den Himmel und führte damit den Gebrauch des Teleskops in der Astronomie ein.

400 Jahre später mögen wir über umfassende Kenntnisse des Sonnensystems und der Bereiche jenseits davon verfügen, doch unsere Ehrfurcht ist kaum geringer als jene der frühen Himmelsbeobachter.

Dieser Band nimmt uns mit auf eine Entdeckungsreise von den Planeten unseres Sonnensystems bis hin zu weit entfernten Galaxien und den äußersten Bereichen des Universums. Vorgestellt werden alle spektakulären kosmischen Phänomene wie Kometen, Asteroiden, Meteoroiden und Sternennebel. Vielleicht weniger bekannt sind Quasare, entfernte Objekte von extremer Strahlungsenergie, gegen die unsere Sonne verblasst, oder auch Schwarze Löcher, extrem dichte Materie, der nicht einmal Licht entkommen kann.

Die Dimensionen von Raum und Zeit sind gewaltig: Beim Urknall vor etwa 15 Milliarden Jahren hatte das gesamte Universum die Größe eines subatomaren Teilchens. Vor etwa 4,5 Milliarden Jahren kollabierte eine Gaswolke und wurde zu unserer Sonne. Betrachtet man ein Objekt in der Tiefe des Alls, so blickt man zugleich hunderte Millionen Jahre in die Vergangenheit zurück, denn so lange benötigte das Licht für die Schwindel erregenden Entfernungen.

Ob Sie passionierter Himmelsbeobachter sind oder Neueinsteiger – dieses prächtig illustrierte Buch bringt Ihnen das Universum näher. Es enthält aktuelle Aufnahmen des Hubble-Teleskops und der Sonde Cassini und bietet einen fachlich kompetenten, doch gut verständlichen Überblick über die neuesten Entwicklungen in der Weltraumforschung.

# SONNENSYSTEM

# ENTSTEHUNG

**OBEN:** Ein als Silhouette erkennbarer Amateurastronom betrachtet Mondsichel und Venus.

**ENTDECKUNG DER PLANETEN**

Mond, Merkur, Venus, Mars, Jupiter und Saturn sind seit dem Altertum bekannt.

| | |
|---|---|
| 1781 | Uranus |
| 1846 | Neptun |
| 1930 | Pluto |

Als Sonnensystem bezeichnet man das Planetensystem, zu dem die Erde zählt. Es umfasst Planeten, Monde, Kometen, Meteoroiden und Asteroiden, die von der Anziehungskraft der Sonne zusammengehalten werden. Das Sonnensystem entstand aus einer interstellaren Wolke, dem Sonnennebel. Unter dem Einfluss der Gravitation verdichtete sich der Nebel, und der Druck in ihm stieg an – es entstand ein Protostern, dessen Temperatur immer weiter zunahm, bis er zu unserer heutigen Sonne wurde. Die interstellaren Staubteilchen und Gase um den Protostern ballten sich durch die Gravitationskräfte zusammen. Dieser Vorgang, Akkretion genannt, setzte sich lange Zeit fort, bis vor etwa 4,6 Milliarden Jahren die Staub- und Gasklumpen erheblich an Größe zunahmen und sich zu unregelmäßigen Objekten formierten, aus denen durch die Schwerkraft schließlich die heutigen kugelförmigen Himmelskörper wurden. Viele jener Materiekugeln blieben zu klein, um Planeten zu bilden. Sie wurden entweder Asteroiden oder kollidierten mit den Planeten, wobei sie bis heute erkennbare gewaltige Impaktkrater hinterließen.

# DIE PLANETEN

Die Planeten unseres Sonnensystems lassen sich anhand ihrer Zusammensetzung in zwei Gruppen unterteilen. Die vier sonnennächsten Planeten Merkur, Venus, Erde und Mars werden terrestrische oder erdähnliche Planeten genannt – nach dem lateinischen „terra“ für Land –, weil sie alle eine feste Gesteinsoberfläche über einem dichten metallischen Kern haben. Die vier äußeren Planeten bezeichnet man wegen ihrer Ähnlichkeiten mit Jupiter als jupiterähnliche oder iovianische Planeten. Sie sind erheblich größer und bilden gewaltige Kugeln aus gasförmiger Masse um einen verhältnismäßig kleinen Gesteinskern. Die terrestrischen und die iovianischen Planeten trennt ein Asteroidengürtel voneinander, der zwischen Mars und Jupiter die Sonne umkreist. Um Uranus und Neptun gegen die iovianischen Planeten Jupiter und Saturn abzugrenzen, wurde für sie kürzlich die Bezeichnung „uranusähnlich“ eingeführt. So sind beide merklich kleiner, von bläulich grüner Farbe, enthalten bedeutend mehr Methan, und ihren Kern bedeckt eine dicke Eisschicht.

**OBEN:** Die Abbildung verdeutlicht die Größenverhältnisse der Planeten. Am unteren Bildrand erkennt man die Sonne. Über ihr befinden sich die vier inneren oder terrestrischen bzw. erdähnlichen Planeten: Merkur, Venus, Erde (links von ihr der Mond) und Mars. Darüber folgen die vier äußeren Planeten oder Gasriesen Jupiter, Saturn, Uranus und Neptun. Am weitesten von der Sonne entfernt ist der Pluto, der in der oberen rechten Ecke mit seinem verhältnismäßig großen Mond Charon erscheint.

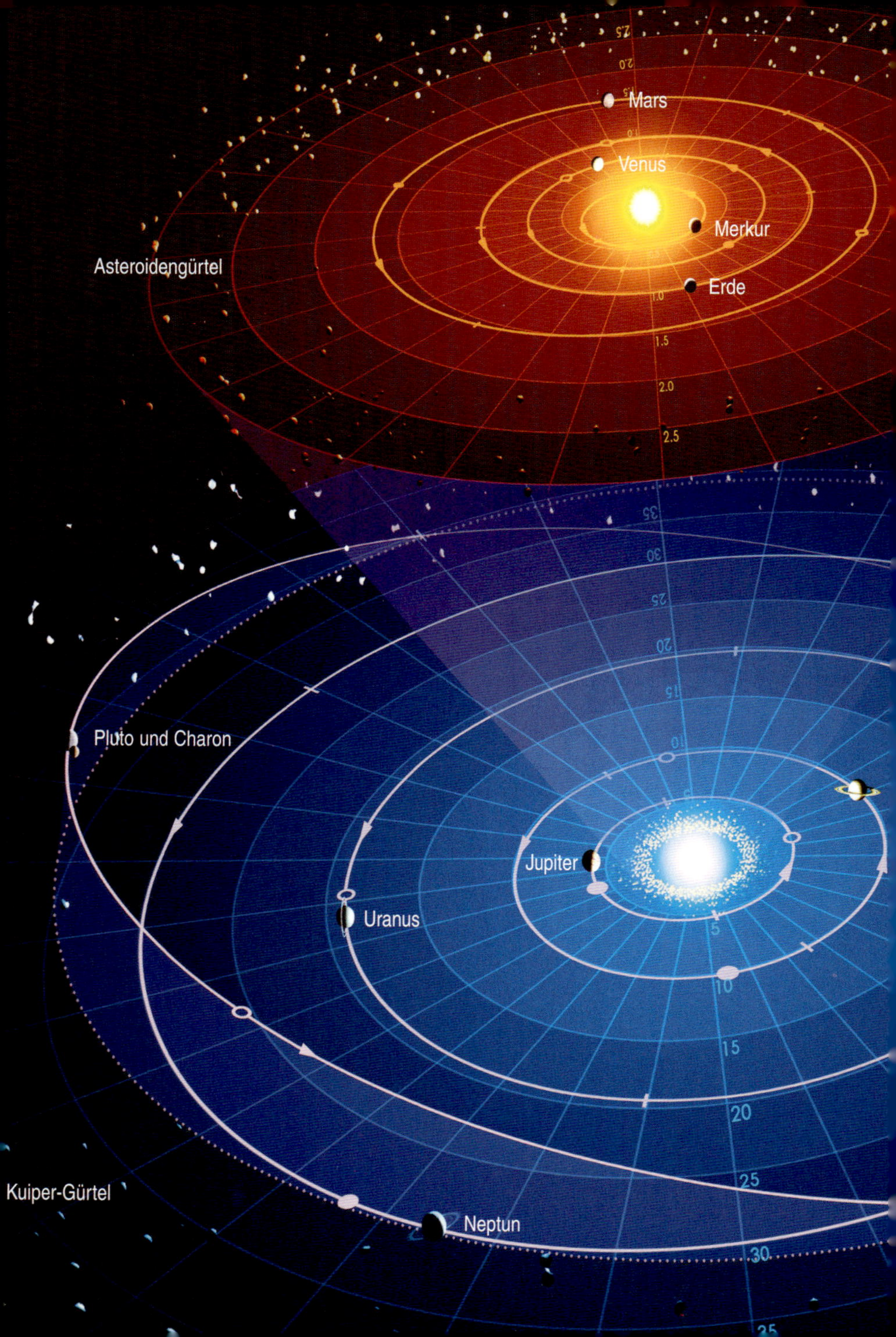
Mars
Venus
Merkur
Erde
Asteroidengürtel
1.0
1.5
2.0
2.5
Pluto und Charon
Jupiter
Uranus
Neptun
Kuiper-Gürtel
5
10
15
20
25
30
35

# DER KUIPER-GÜRTEL

Der Pluto ist ein Außenseiter im Sonnensystem. Der Gesteins- und Eisball, der sich für gewöhnlich weit jenseits der Neptunbahn befindet, lässt sich nicht ohne weiteres bei den terrestrischen oder den iovianischen Planeten einordnen und bewegt sich auf einer exzentrischen kometenähnlichen Bahn. Er ist auch vergleichsweise klein und würde wahrscheinlich gar nicht als Planet klassifiziert, wenn er erst in unserer Zeit entdeckt worden wäre. Eigentlich ließe er sich besser Objekten jenseits des Neptun zurechnen, die den Kuiper-Gürtel bilden.

Dieser bildet eine ausgedehnte Region mit eisigen Asteroiden unterschiedlicher Größe, den so genannten Zentauren, sowie regelmäßig wiederkehrenden Kometenkernen. Im Juli 2005 wurde die Entdeckung eines zehnten Planeten in der doppelten Entfernung des Pluto bekannt gegeben. 2003 UB313 (Xena) ist größer als der Pluto und müsste – behält dieser seinen Planetenstatus – auch als Planet eingestuft werden. Fortschritte in der Teleskoptechnik ermöglichten die Entdeckung zahlreicher weiterer Objekte im Kuiper-Gürtel. Zu ihnen zählen Sedna und Quaoar, die von der Größe her dem Pluto vergleichbar sind und die einige Wissenschaftler ebenfalls zu den Planeten gezählt wissen wollen.

**LINKS:** schematische Darstellung der Planeten des Sonnensystems mit ihren Umlaufbahnen. Oben erkennt man die terrestrischen Planeten, unten die Gasriesen. Ebenfalls dargestellt sind der Asteroidengürtel zwischen Mars und Jupiter und der Kuiper-Gürtel, der sich zwischen Neptun und Pluto sowie jenseits von ihnen erstreckt. Die ungefüllten Punkte bezeichnen den Bahnpunkt, in dem die Planeten der Sonne am nächsten kommen (Perihel oder Sonnennähe), während die gefüllten Punkte für den Bahnpunkt mit der größten Sonnenferne (Aphel) stehen.

# DAS ENDE DES SONNENSYSTEMS

Die genaue Grenze lässt sich nur schwer berechnen und ist dort, wo Objekte nicht mehr von der Gravitationsanziehung der Sonne beeinflusst werden. Damit befinden sie sich jenseits der Sonnenwinde und der ausgedehnten Magnetosphäre der Sonne. Vermutlich umgibt ein großer Halo (Hof) den äußersten Bereich des Sonnensystems. Die Oortsche Wolke besteht aus Millionen Kometenkernen und kleinen eisigen Gesteinsbrocken, die vermutlich tausendmal weiter als Pluto von der Sonne entfernt sind. Nach neuesten Erkenntnissen könnte Sedna zur Oortschen Wolke statt zum Kuiper-Gürtel zählen, und damit wäre die Wolke erheblich näher an der Sonne als angenommen. Trifft dies zu, müssten Schätzungen bezüglich der Größe des Sonnensystems nach unten korrigiert werden. Voyager 1 und 2 sind die künstlichen Objekte, die bisher am weitesten ins Sonnensystem vorgedrungen sind. Nach dem Erkunden der äußeren Planeten in den 1980er-Jahren setzten die beiden Raumsonden ihre Reise zum Rand des Sonnensystems fort. Ihr Ziel ist es, die Außengrenze zu erreichen und in den interstellaren Raum vorzustoßen.

## WEITERE PLANETENSYSTEME

In den frühen 1990er-Jahren entdeckte der Astronom Aleksander Wolszczan erstmals extrasolare Planeten, die den Pulsar PSR 1257+12 umkreisen. Extrasolare Planeten lassen sich durch zwei Verfahren aufspüren. Üblich ist das Ausschauen nach Wobbelungen, kleinen, durch die Gravitationsanziehung eines Planeten hervorgerufenen Pendelbewegungen eines Sterns. Sie sind aber so geringfügig, dass sie mit Teleskopen nur schwer auszumachen sind. Mit diesem Verfahren lassen sich deshalb nur extrasolare Systeme mit Planeten von der Größe Jupiters und mit sonnennahen Umlaufbahnen ermitteln. Eine weitere gebräuchliche Methode ist die Beobachtung von Planetendurchgängen. Aus der Abnahme der Sternhelligkeit während dieses Vorgangs lassen sich Rückschlüsse auf den Umlauf des Planeten und auf seine Masse ziehen. Dieses Verfahren bietet sich auch nur für Planeten von der Größe Jupiters an, die ihren Stern so stark verdunkeln, dass dies noch viele Lichtjahre entfernt auf der Erde auszumachen ist. Die Europäische Weltraumagentur ESA und die NASA planen für das kommende Jahrzehnt die Spezialteleskope DARWIN bzw. Terrestrial Planet Finder, mit denen sie kleinere Planeten von der Größe der Erde nachweisen und die Wahrscheinlichkeit von Leben auf ihnen bewerten wollen.

**LINKE SEITE:** Keck I und Keck II, zwei optische Teleskope, auf dem Gipfel des Mauna Kea, einem 4200 m hohen ruhenden Vulkan. Einer der hellsten Kometen des 20. Jahrhunderts war der im Frühjahr 1997 am Abendhimmel sichtbare Hale-Bopp. Hier kann man seinen Gas- oder Ionenschweif und seinen Staubschweif gut erkennen.

### KOMET HALE-BOPP

1995 – Hale-Bopp wird von Alan Hale und Thomas Bopp entdeckt. Der Komet war von 1996 an für insgesamt mehr als 18 Monate mit bloßem Auge am Himmel sichtbar, doppelt so lang wie der bisherige Rekordhalter.

**KERNDURCHMESSER:** ca. 40 km

**UMLAUFDAUER:** 11 Stunden, 24 Minuten

**LÄNGE DES SCHWEIFS:** 80–90 Millionen km

**GERINGSTE ENTFERNUNG ZUR ERDE:** 196 000 000 km

# SONNE

# UNSER STERN

**OBEN:** Sonnenaufgang auf dem Mond. Wegen der fehlenden Atmosphäre ist das Sonnenlicht dort viel heller als auf der Erde. Die Mondlandungen des Apollo-Programms fanden alle am frühen Mondmorgen statt. Somit konnten die Astronauten Krater und Felsbrocken gut erkennen.

### PHYSIKALISCHE DATEN

**GERINGSTE ENTFERNUNG ZWISCHEN ERDE UND SONNE:** 150 000 000 km (Das Licht der Sonne braucht etwa 8 Minuten und 20 Sekunden bis zur Erde.)

**DURCHMESSER:** 1 390 400 km (109-mal würde die Erde auf die Sonnenscheibe passen.)

Einst galt die Sonne als einzigartig, heute wissen wir, dass sie ein ganz gewöhnlicher und sogar eher unauffälliger Stern am Rande einer durchschnittlichen Galaxie ist. Warum die Menschen der Sonne schon immer besondere Verehrung entgegenbrachten, lässt sich leicht nachvollziehen – sie ist die Quelle allen irdischen Lebens, sie spendet uns Wärme und Licht.

Dennoch ist die Sonne im Universum nur einer unter vielen Hauptreihensternen mittleren Alters. Auch die Spektralklasse G2, die eine gelbliche Farbe und Oberflächentemperaturen von 5000 bis 6000 °C bezeichnet, ist nichts Ungewöhnliches; wir kennen heute unzählige Sterne dieser Klasse. Die Sonne zeichnet sich vielleicht nur dadurch aus, dass es auf einem ihrer Planeten intelligentes Leben gibt.

# KERNFUSION

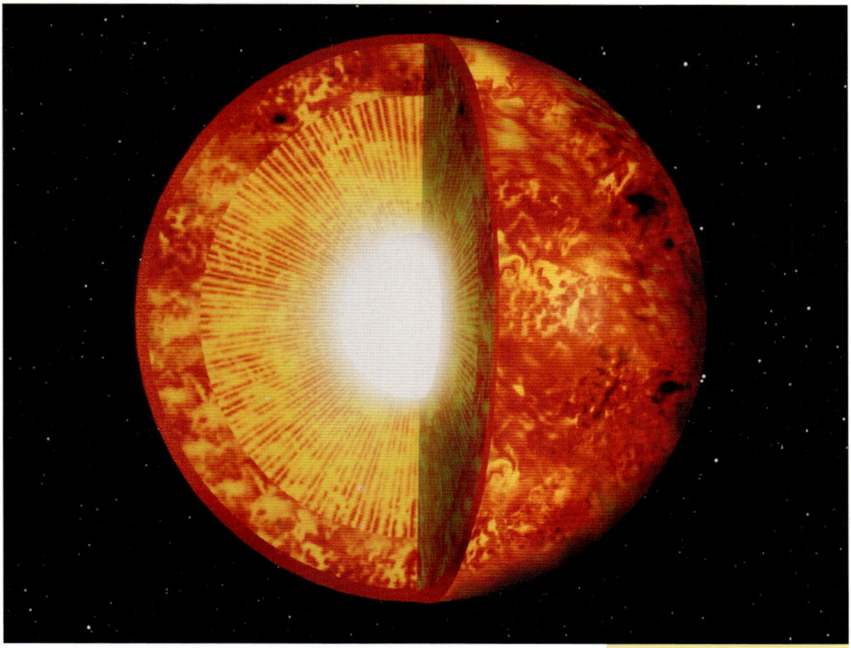

Zunächst vermutete man, die Sonne sei ein riesiger Feuerball und brenne einer Kerze vergleichbar ab. Dies erwies sich als unhaltbar, denn dann wäre sie schon lange erloschen. Nach einer weiteren Theorie wandelt sich das gewaltige Gravitationsfeld der Sonne durch ihre große Masse beständig in Energie um. Doch dies würde ihr Alter nicht erklären, das mindestens 4,5 Milliarden Jahre beträgt.

Im frühen 20. Jahrhundert konnte Albert Einstein das Rätsel lösen. Er erkannte, dass Masse und Energie ineinander umwandelbar sind und somit $E = mc^2$ gilt, wobei E für Energie, m für Masse und c für die Lichtgeschwindigkeit steht. Im Sonneninneren prallen Wasserstoffkerne zusammen und verschmelzen dabei zu Heliumkernen. Während dieses Vorgangs, der Kernfusion oder Kernverschmelzung, wird Masse in Energie umgewandelt. Bis der letzte Wasserstoff der Sonne verbraucht ist, dauert es noch einige Milliarden Jahre.

**OBEN:** Computergrafik der inneren Schichten der Sonne. Die Sonne funktioniert wie ein gigantisches Kernkraftwerk. Der Kern (weiß), in dem Wasserstoffatome in Helium umgewandelt werden und dabei Wärme- und Lichtenergie freisetzen, besitzt eine Temperatur von mindestens 14 Millionen °C. An der Oberfläche (rot) befindet sich die etwa 300 km dicke Photosphäre. Durch den beständigen Energieausstoß verliert die Sonne jede Sekunde ungefähr 4 Millionen t Masse.

**PHYSIKALISCHE DATEN**

**UMFANG:** 4 379 000 km (Erde: 40 075 km)

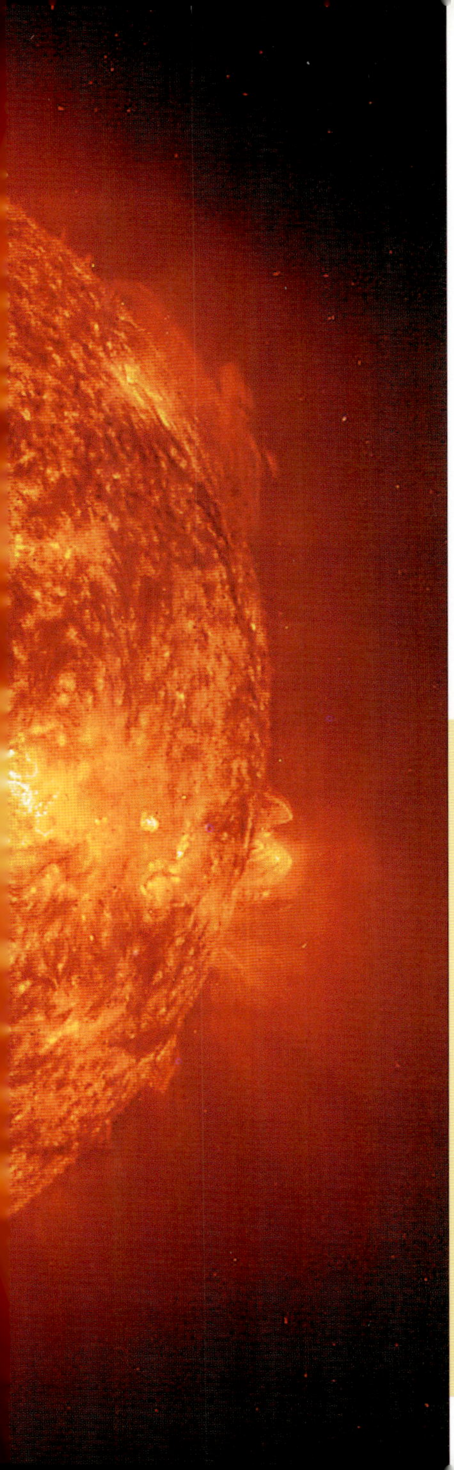



# SONNENSCHICHTEN

Bei der hellen weißen Scheibe, die am Himmel zu sehen ist, handelt es sich um die Photosphäre. Sie bildet die äußerste Schicht der Sonne und strahlt das auf der Erde wahrnehmbare Licht aus. Die Temperaturen in ihr betragen über 5500 °C. Die Sonnenoberfläche hat eine körnig wirkende Struktur (Granulation), die durch das Aufsteigen heißer Gase zur Oberfläche und das Absinken kühlerer Gase zu der darunter befindlichen Konvektionszone hervorgerufen wird. Obwohl die Granulen wie Körnchen aussehen, sind sie doch gewaltig groß. Oberhalb der Photosphäre befinden sich weitere, nicht sichtbare Schichten, die unter dem Begriff Sonnenatmosphäre zusammengefasst werden.

**LINKS:** eine gewaltige gedrehte Protuberanz (unten links) in der Sonnenkorona, aufgenommen vom Sonnenobservatorium SOHO (Solar and Heliospheric Observatory). Protuberanzen sind von starken Magnetfeldern begrenzte dichte Materiewolken. Explodiert eine Protuberanz auf der erdzugewandten Seite der Sonne, kann dies Stromausfälle und Sonnenstürme hervorrufen.

### ZEITTAFEL

um 400 v. Chr. – Den Menschen der Antike gilt die Erde als eine flache Scheibe und die Sonne als Gott. Der griechische Philosoph Anaxagoras erkennt, dass die Sonne ein weit von der Erde entfernter großer Körper ist, und schätzt den Sonnendurchmesser auf 56 km. Anaxagoras' Theorien widersprechen den religiösen Überzeugungen seiner Zeit: Er wird bedroht und schließlich aus Athen verbannt.

150 – Der Astronom Claudius Ptolemäus erklärt in Alexandria, die Erde sei ein unbewegter Körper im Zentrum des Universums. Er glaubt, dass sich Sonne, Mond, Planeten und Sterne um die Erde bewegen.

1543 – Der Astronom Nikolaus Kopernikus präsentiert ein Modell, nach dem die Sonne das Zentrum der Planetenbewegungen ist.

1610 – Der deutsche Astronom Johannes Fabricius entdeckt die Sonnenflecken.

# SONNENATMOSPHÄRE

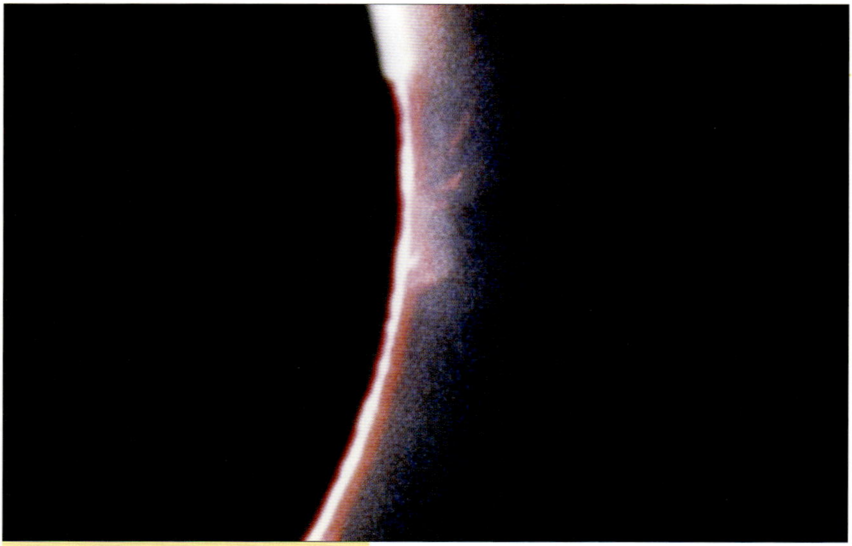

**OBEN:** totale Sonnenfinsternis mit Perlschnurphänomen, Protuberanzen und Chromosphäre. Der dunkle Mond verdeckt genau die Sonnenscheibe. Das Perlschnurphänomen entsteht, wenn die Erhebungen auf der Mondoberfläche den Sonnenrand bereits abdecken, durch die Täler aber noch helles Sonnenlicht hindurchfällt. Die Chromosphäre, die untere Sonnenatmosphäre, ist als roter Bogen sichtbar. Flammenartige Protuberanzen bestehen aus glühendem Gas und können über 500 000 km lang sein.

### PHYSIKALISCHE DATEN

**FLÄCHE:** 6 087 799 000 000 km$^2$ (11 990-mal die Fläche der Erde)

**UMLAUFDAUER:** Die Sonne wandert in 225 Millionen Jahren einmal um das Zentrum der Milchstraße. Die Entfernung, die sie in dieser Zeit zurücklegt, entspricht der zehnmilliardenfachen Distanz zwischen Sonne und Erde.

**ROTATIONSDAUER:** 25 Tage, 9 Stunden, 7 Minuten

Die Sonnenatmosphäre besteht aus drei Schichten: Chromosphäre, Übergangszone und Korona. Alle drei werden von der hellen Photosphäre überstrahlt und sind nur bei einer Sonnenfinsternis als sichtbares Licht wahrnehmbar. In der rosafarbenen Chromosphäre geht es recht stürmisch zu, denn Spikulen, kurzlebige, aus dem Sonneninneren hochschießende Gasströme, stoßen in sie vor. In der Übergangszone steigt die Temperatur unvermittelt von den 5500 °C der Photosphäre auf über 1 000 000 °C in der Chromosphäre. Der Begriff Korona leitet sich ab vom lateinischen Corona für Kranz. Wieso diese Bezeichnung gewählt wurde, erkennt man gut bei einer Sonnenfinsternis. Die Korona ähnelt dann einem großen Kranz um die Sonnenscheibe, der sich über Millionen Kilometer in alle Richtungen erstreckt. Hervorgerufen wird er durch Sonnenlicht, das auf Elektronen und interstellaren Staub trifft und reflektiert wird.

# DAS SONNENINNERE

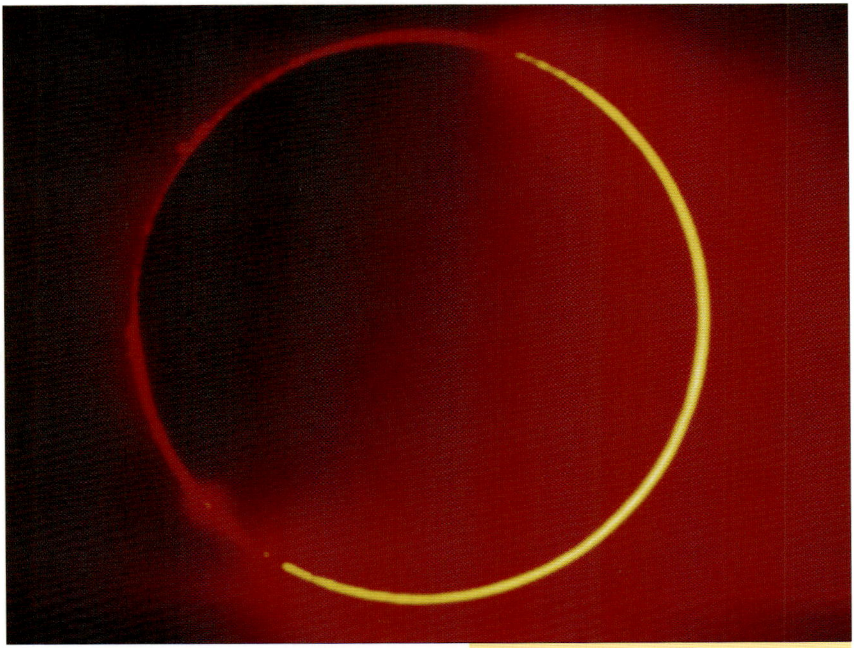

Unter der Photosphäre befindet sich das Sonneninnere. Im Kern sind Hitze und Druck so intensiv, dass der Fusionsprozess unablässig abläuft. Den Kern umgibt die Strahlungszone. In ihr prallen die während des Fusionsprozesses vom Kern abgestrahlten Photonen mit Ionen zusammen und übertragen geringe Energiemengen. Auf die Strahlungszone folgt die kühlere Konvektionszone, deren Partikel durch Konvektion erhitzt werden. Weniger dichte, heißere Gase steigen zur Sonnenoberfläche auf, wo sie sich abkühlen und wieder tief in die Konvektionszone hinabsinken, um sich dort wieder zu erwärmen und erneut zur Oberfläche aufzusteigen.

**OBEN:** ringförmige Sonnenfinsternis. Sie entsteht, wenn der Mond während einer Sonnenfinsternis den mittleren Bereich der Sonnenscheibe bedeckt, wobei um ihren Rand ein Lichtring bestehen bleibt.

### SONNENMISSIONEN

**1990 – MISSIONSNAME: ULYSSES**

Ulysses, eine Raumsonde von ESA und NASA, wird zum Jupiter geschickt und nutzt dessen Schwerkraft, um die ekliptikale Ebene zu verlassen und die Polregionen der Sonne zu überfliegen.

**1995 – MISSIONSNAME: SOHO**

Das Sonnenobservatorium SOHO (Solar and Heliospheric Observatory) ist ebenfalls ein Gemeinschaftsprojekt von ESA und NASA und hat dutzende Kometen entdeckt. Die SOHO-Daten über die Sonnenaktivität werden für das Vorhersagen von Flares eingesetzt, die Satelliten beschädigen können.

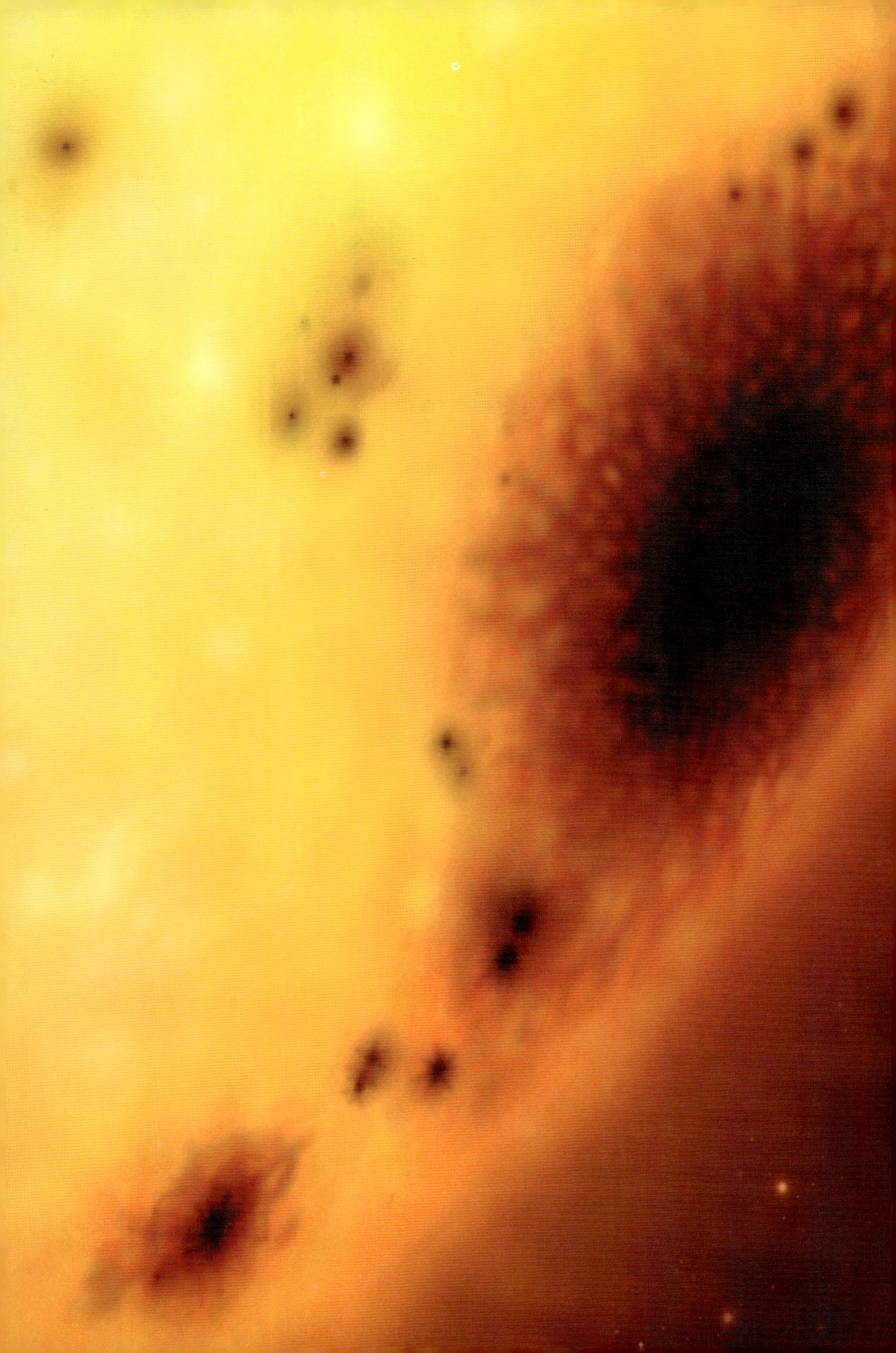

# SONNENFLECKEN

1610 entdeckte der deutsche Astronom Johannes Fabricius (1587–um 1615) Flecken auf der Sonnenoberfläche. Hierbei handelt es sich um kleinere Stellen der Photosphäre, die eine deutlich niedrigere Temperatur als ihre Umgebung aufweisen. Hervorgerufen werden sie durch ein lokal starkes Magnetfeld, das erhitzte Teilchen am Aufsteigen zur Sonnenoberfläche hindert. Bei näherer Betrachtung lässt sich ein schwärzlicher Kern (Umbra) mit grauem Hof (Penumbra) ausmachen. Ungefähr alle elf Jahre – so lange dauert der Sonnenfleckenzyklus in etwa – erreicht die Aktivität der Sonne ihren Höchststand. Zu jenen Zeiten, dem Sonnenfleckenmaximum, lassen sich mehr als 100 Sonnenflecken beobachten. Während des Sonnenfleckenminimums treten häufig gar keine Sonnenflecken auf.

Keinesfalls darf man direkt in die Sonne sehen, selbst wenn ihre Helligkeit durch Wolken, eine Sonnenbrille oder anderes abgeschwächt wird. Vor allem sollte man sie niemals durch Fernglas, Teleskop oder Kamerasucher betrachten. Galileo Galilei erblindete möglicherweise infolge seiner Sonnenbeobachtungen. Am besten wirft man ihr Bild mithilfe der Linsen eines Fernglases oder eines Teleskops auf eine Projektionsfläche.

**LINKS:** Computerdarstellung mehrerer großer dunkler Sonnenflecken. Hierbei handelt es sich um Bereiche der Sonnenoberfläche, die etwa 2000 °C kühler sind als ihre Umgebung, weshalb sie dunkler erscheinen. Man erkennt die von einem helleren Bereich (Penumbra) umgebene dunkle Mitte (Umbra). Sonnenflecken weisen auf eine erhöhte Aktivität der Sonne hin.

### ZEITTAFEL

um 800 v. Chr. – Erste glaubhaft überlieferte Beobachtung von Sonnenflecken in China.

1610 – Der deutsche Astronom Johannes Fabricius entdeckt die Sonnenflecken.

1650–1715 – Maunder-Sonnenfleckenminimum: Es treten nahezu keine Sonnenflecken auf.

1908 – Der amerikanische Astrophysiker George Ellery Hale nimmt erstmals Messungen von Magnetfeldern der Sonnenflecken vor.

1954 – Entdeckung eines Intensitätswechsels der kosmischen Strahlung in Abhängigkeit vom elfjährigen Sonnenfleckenzyklus.

# FLARES

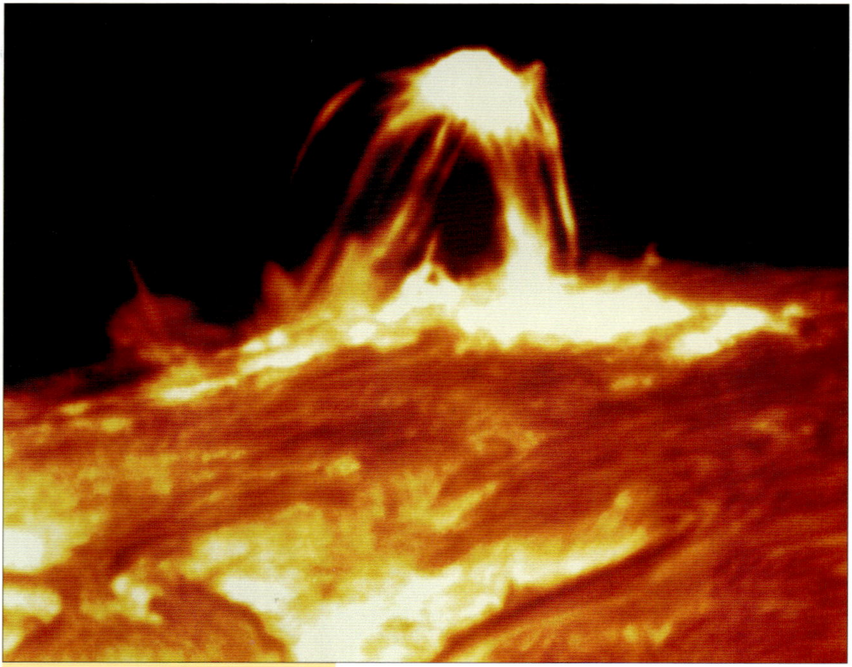

**OBEN:** Farbaufnahme eines Flares. Die Temperatur in einem Flare, das normalerweise einige Minuten andauert, kann hunderte Millionen Grad Celsius betragen. Sonnenflares können sich hunderttausende von Kilometern in den Weltraum erstrecken.

### ZEITTAFEL

1859 – Erste Beobachtung eines Flares durch den britischen Amateurastronomen Richard Carrington.

1956 – Größtes beobachtetes Flare.

1982 – Erste Beobachtung von Neutronen eines Flares durch den Forschungssatelliten SMM (Solar Maximum Mission).

Flares oder Sonneneruptionen wurden erstmals 1859 von dem englischen Astronomen Richard Carrington (1826–1875) beobachtet. Zu einem Flare kommt es, wenn die im Sonneninneren aufgebaute Energie plötzlich freigesetzt wird. Die unvermittelte Entladung manifestiert sich über das gesamte elektromagnetische Spektrum, etwa als Radiowellen, Gammastrahlen und Röntgenstrahlen. Allerdings lässt sich ein Flare wegen der großen Helligkeit der Photosphäre nur schwer im sichtbaren Bereich des Spektrums beobachten. Wenn solare Flareteilchen mit dem Magnetfeld der Erde in Kontakt kommen, kann dies Funk- und Satellitenverbindungen unterbrechen. Außerdem können die Teilchen für Astronauten außerhalb der Erdatmosphäre tödlich sein.

# SONNENWIND

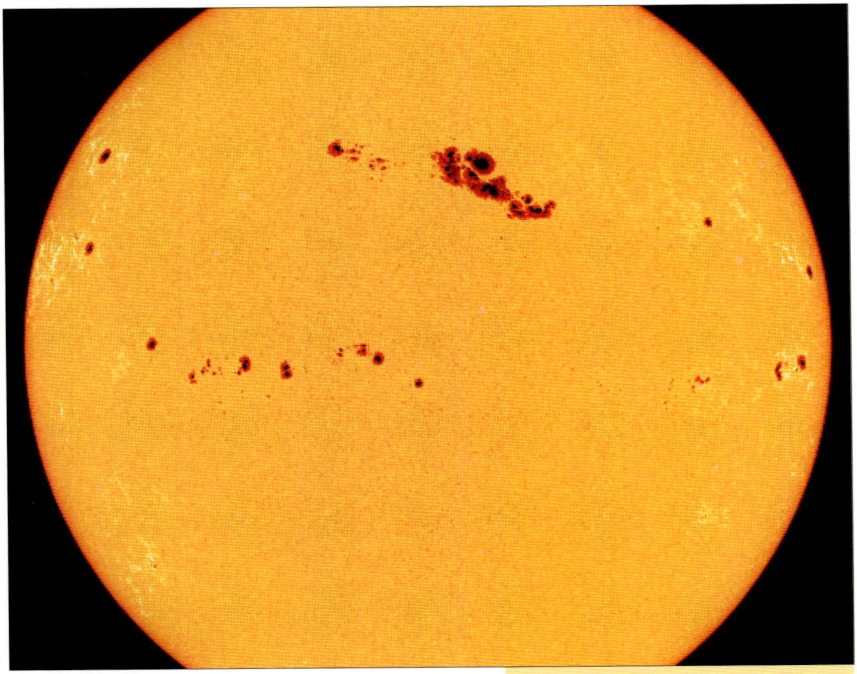

Einige Teilchen erhitzen sich so stark, dass sie der Schwerkraft der Sonne entkommen können. Der Teilchenstrom bewegt sich mit Geschwindigkeiten von etwa 480 km/s und wird als Sonnenwind bezeichnet. Viele Planeten im Sonnensystem besitzen ein Magnetfeld, das sie vor dem Sonnenwind schützt und verhindert, dass er ihre Oberfläche erreicht. Manchmal dringen solare Teilchen in das Magnetfeld eines Planeten ein und werden zu seinen Polen gezogen, wo sie mit atmosphärischen Gasen interagieren und fantastische Lichtspiele hervorrufen. Das Polarlicht nimmt an Häufigkeit zu, wenn die Sonne in die Phase ihrer stärksten Aktivität eintritt, was ungefähr alle elf Jahre der Fall ist.

**OBEN:** eine sehr große Gruppe Sonnenflecken an der Sonnenoberfläche. Sonnenflecken sind vergleichsweise kühle Bereiche der Sonnenoberfläche, die durch starke Magnetfelder hervorgerufen werden. Ende März 2001 war diese Sonnenfleckengruppe 13-mal so groß wie die Erdoberfläche und damit die größte, die während dieses Sonnenfleckenzyklus beobachtet wurde.

### PHYSIKALISCHE DATEN

**MASSE:** $1{,}99 \times 10^{30}$ kg
(Etwa 333 400-mal massereicher als die Erde; sie enthält 99,86 % der Masse des ganzen Sonnensystems.)

**VOLUMEN:** $1{,}14 \times 10^{18}$ km³
(Entspricht 1 300 000-mal der Erde.)

**DICHTE:** 1,4 g/cm³ (durchschnittlich)
(Etwa ein Viertel der Dichte der Erde.)

# MERKUR

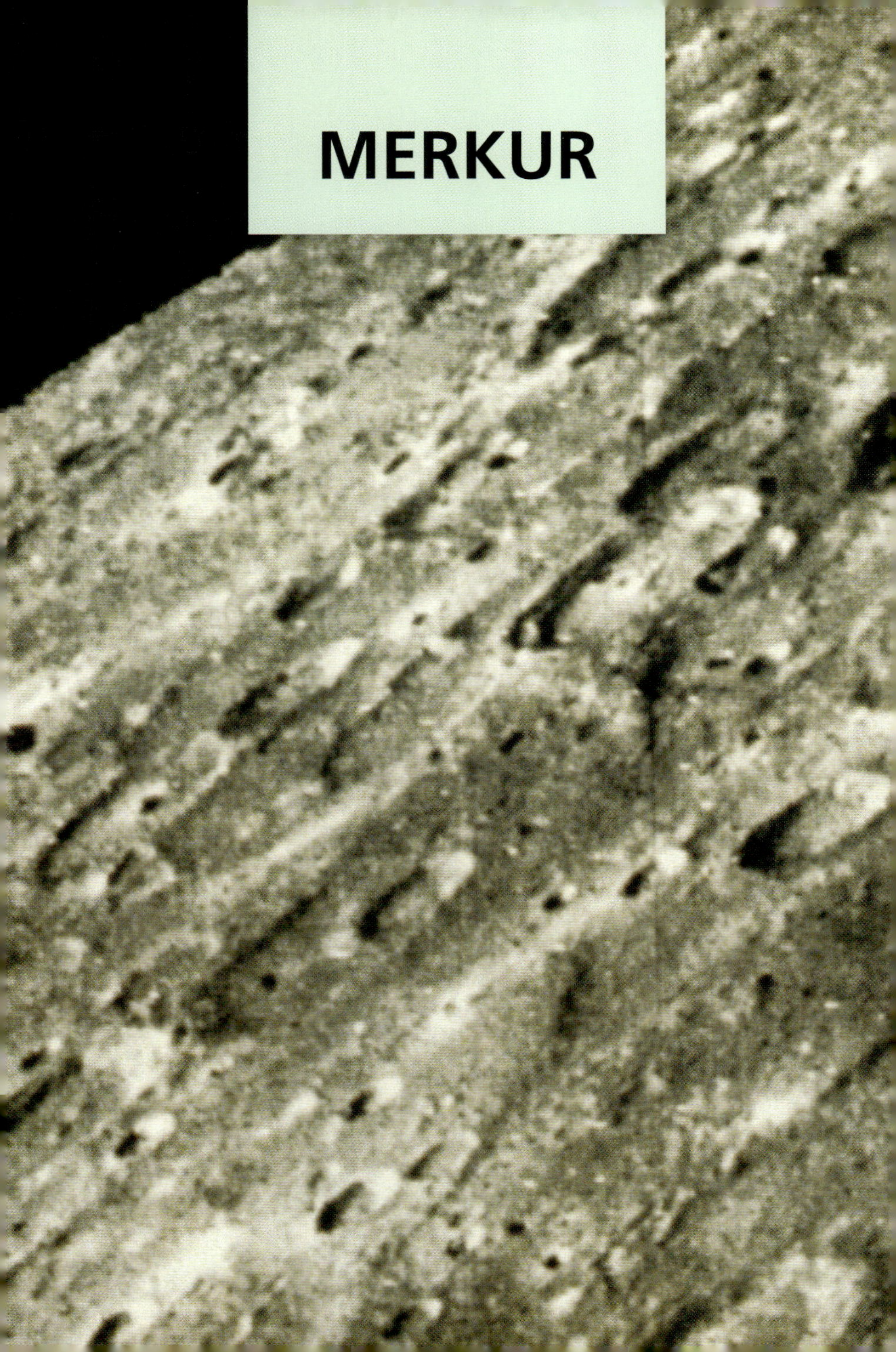

# DER SCHNELLSTE PLANET

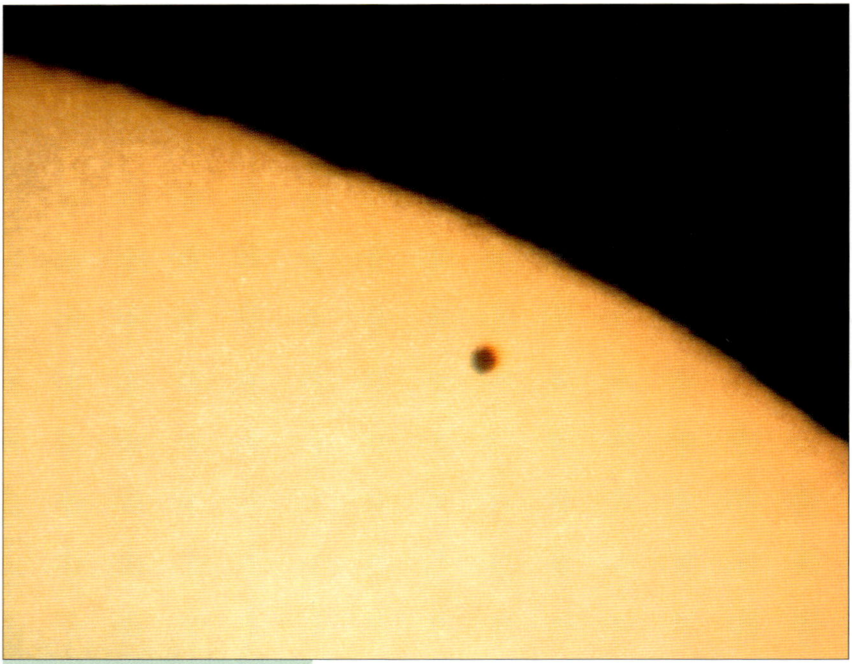

**OBEN:** optisches Foto des Merkurdurchgangs. Der Planet zeichnet sich als kleiner schwarzer Punkt vor der leuchtenden Sonnenscheibe ab. In hundert Jahren bewegt er sich 13-mal zwischen Erde und Sonne hindurch.

**ZEITTAFEL**

um 385 v. Chr. – Der griechische Astronom Heraklit von Pontus vermutet erstmals, dass der Merkur um die Sonne kreist.

1610 – Der italienische Physiker Galileo Galilei beobachtet als Erster den Merkur mit dem Fernrohr.

1631 – Der französische Naturforscher Pierre Gassendi beobachtet erstmals den Merkurdurchgang mit dem Fernrohr.

Sehr wenig war bekannt über den sonnennächsten Planeten, bis Mariner 10 ihn 1974 besuchte. Aufgrund der geringen Größe und der Nähe zur Sonne ist er nur sehr schlecht mit dem Teleskop zu beobachten. Das Betrachten war tatsächlich so schwierig, dass Kopernikus den Merkur nie selbst gesehen haben soll. Wegen seiner Sonnennähe lässt sich der Merkur am besten in der Morgen- und Abenddämmerung beobachten, weil er während des Zwielichts nicht von der Leuchtkraft der Sonne überstrahlt wird. Dafür wartet man am besten, bis er von der Erde aus gesehen seine Maximalelongation – den größten Winkelabstand eines inneren Planeten zur Sonne – erreicht. Die Maximalelongation des Merkur beträgt nur 27°, sodass der Betrachter ihn stets in Richtung der Sonne suchen muss, sogar wenn er scheinbar seine größte Entfernung zur Sonne erreicht.

# GÖTTERBOTE

Der Planet wurde von den Römern nach Merkur benannt, weil sie sein zügiges Eilen über den Himmel mit der Geschwindigkeit des Götterboten verglichen. Als sonnennächster Planet vollzieht er einen Umlauf in nur 88 Tagen mit der halsbrecherischen Geschwindigkeit von 50 km/s. Das macht ihn zum schnellsten Planeten im Sonnensystem. Ursprünglich wurde angenommen, dass der Merkur für das Rotieren um seine Achse ebenfalls 88 Tage benötigt. Somit würde er der Sonne immer nur eine Seite zuwenden. Diese Theorie erwies sich jedoch als falsch, weil die Rückseite des Merkur als zu warm erachtet wurde, als dass auf ihr ewige Dunkelheit hätte herrschen können. Stattdessen berechnete man eine Rotationszeit von 59 Tagen.

**OBEN:** Mariner-10-Fotografie des Merkur. Seine Oberfläche ist von Kratern übersät. Mariner 10 war die erste Raumsonde zu dem innersten Planeten und stattete ihm 1974/1975 insgesamt drei separate Besuche ab.

## PHYSIKALISCHE DATEN

**MITTLERE ENTFERNUNG ZUR SONNE:** 57 909 175 km (von der Erde zur Sonne: 150 000 000 km)

**UMLAUFDAUER:** 88 Erdtage

**ROTATIONSDAUER:** 59 Erdtage

Während zwei Umläufen um die Sonne dreht sich Merkur dreimal um die eigene Achse. Ein Merkurtag dauert 176 Erdtage.

# DIE ERSTE SONDE

**OBEN:** zusammengesetztes Bild des Merkur. Man erkennt zahlreiche Meteoritenkrater.

### PHYSIKALISCHE DATEN

**DURCHMESSER:** 4878 km (Etwa 40 % des Erddurchmessers.)

**UMFANG:** 15 329 km (Erde: 40 075 km)

**FLÄCHE:** 74 800 000 $km^2$ (Erde: 510 072 000 $km^2$)

Mariner 10 startete im November 1973. Der Bau von Raketen, die stark genug waren, um den Orbit der Erde zu verlassen und in die noch schnellere Umlaufbahn um den Merkur einzuschwenken, galt zuvor als zu kostspielig. Hier kam jedoch eine neue Methode zum Einsatz: Bei seiner Reise nutzte Mariner 10 die Gravitationsanziehung der Venus für ein so genanntes Slingshot-Manöver. Die Sonde flog im März und im September 1974 und erneut im März 1975 am Merkur vorbei. Zusammen konnten die drei Vorbeiflüge knapp die Hälfte der Planetenoberfläche abdecken. Dabei wies Mariner 10 unerwartet ein Magnetfeld nach. Vorher war man von einem erstarrten Inneren ausgegangen, aber die Existenz eines Magnetfelds deutet auf einen metallischen, noch teilweise geschmolzenen Kern hin.

# ZUKÜNFTIGE MISSIONEN

Die drei flüchtigen Vorbeiflüge von Mariner 10 haben mehr Fragen aufgeworfen als beantwortet. Eine neue Merkurmission mit dem passenden Namen MESSENGER (Bote) startete im August 2004. Ihr Name ist eine Abkürzung für MErcury Surface, Space ENvironment, GEochemistry, and Ranging. Die Sonde soll im März 2011 am Merkur eintreffen. Die Europäische Weltraumagentur ESA plant für den Beginn des nächsten Jahrzehnts die Entsendung einer eigenen Mission: BepiColombo. Sie wird aus drei Teilen bestehen: aus dem Planetary Orbiter, Magnetospheric Orbiter und, am spannendsten, einem Landefahrzeug mit einer Kamera, die die ersten Fotos von der Oberfläche des Planeten übermitteln wird.

**OBEN:** Mosaikbild der stark verkraterten Oberfläche des Merkur.

### PHYSIKALISCHE DATEN

**MASSE:** $3{,}30 \times 10^{23}$ kg
(Wenn die Erde die Größe eines Fußballs hätte, wäre der Merkur so groß wie ein Golfball.)

**VOLUMEN:** $6{,}1 \times 10^{10}$ km$^3$
(Ungefähr 5 % des Erdvolumens.)

**DICHTE:** 5,4 g/cm$^3$
(Der Merkur ist der zweitdichteste Körper im Sonnensystem.)

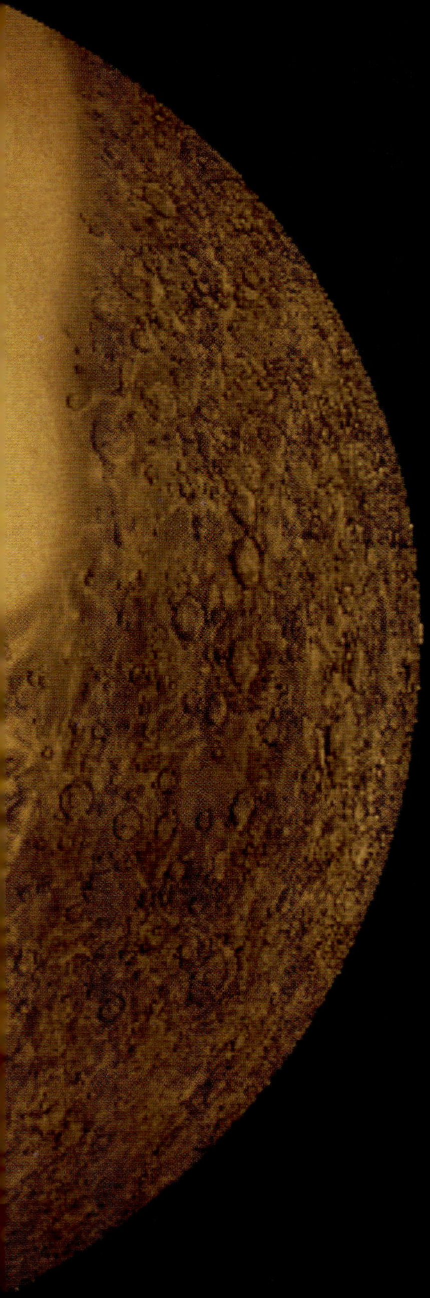



# OBERFLÄCHE

Nachdem Mariner 10 ihr Ziel erreicht hatte, wurde schnell deutlich, dass der Merkur ebenso wie der Erdmond zahlreiche Krater hat. Man konnte einen riesigen Krater ausmachen, der später Kuiper genannt wurde. Die Krater des Planeten sind höchstwahrscheinlich das Ergebnis von Meteoriteneinschlägen, die als eindrucksvollstes Beispiel ihres Wirkens das Caloris-Becken hinterlassen haben. Es wird auf 1300 km Durchmesser geschätzt, und der Aufprall war so gewaltig, dass auf der entgegengesetzten Seite des Planeten Berge aufgeworfen wurden.

Die glatten Ebenen weisen auf Lava hin. Nach der Vielzahl von Kratern zu schließen, war der Planet zur Zeit der Meteoriteneinschläge nicht mehr geologisch aktiv, da seine zerklüftete Oberfläche ansonsten erneut geglättet worden wäre. Riesige, bis zu 3 km hohe Klippen deuten darauf hin, dass der Merkur bereits erkaltet ist. Die Steilhänge entstanden wahrscheinlich, als sich die Gesteinskruste beim Abkühlen zusammenzog.

**LINKS:** Mosaikbild aus Mariner-10-Aufnahmen. Bereiche, für die keine Daten vorliegen, blieben leer. Die Oberfläche des Merkur ist infolge von Meteoriteneinschlägen mit Kratern übersät und weist bis zu 3 km hohe und 500 km lange Steilklippen auf.

# ATMOSPHÄRE

**OBEN:** Schnittbild vom inneren Aufbau des Merkur. Der Kasten zeigt die Größenverhältnisse von Erde und Merkur. Das Planeteninnere besteht aus einem großen Eisenkern unter einer dicken Silikatkruste. Der Merkur hat eine sehr dünne Atmosphäre, die nicht viel Wärme speichert.

**RECHTE SEITE:** Temperaturkarte des Merkur. Das eingefärbte Radiobild zeigt die Verteilung der Temperaturen auf der Planetenoberfläche. Die heißen Regionen sind gelb dargestellt. Der Merkur besitzt zwei heiße Pole an seinem Äquator, die durch die intensive Wärme der nahen Sonne entstehen.

Die Atmosphäre ist so dünn, dass Wissenschaftler sie häufig als Exosphäre bezeichnen. Die Exosphäre ist die oberste Schicht der Erdatmosphäre, in der Moleküle ausreichend schnell sind, um der Gravitationskraft des Planeten zu entkommen. Die gesamte Merkuratmosphäre ähnelt der äußersten Schicht der Erdatmosphäre und verliert die meisten ihrer Atome und Moleküle an den Weltraum. Bei seinem Besuch in den 1970er-Jahren wies Mariner 10 in der Atmosphäre Helium, Wasserstoff und Sauerstoff nach. Im folgenden Jahrzehnt wurden ebenfalls Kalium und Natrium gefunden. Die Magnetosphäre des Merkur vermag Ionen der Solarwinde einzufangen, sodass die Atmosphäre trotz des raschen Molekülverlusts an den Weltraum beständig wieder aufgefüllt wird.

# TEMPERATUREN

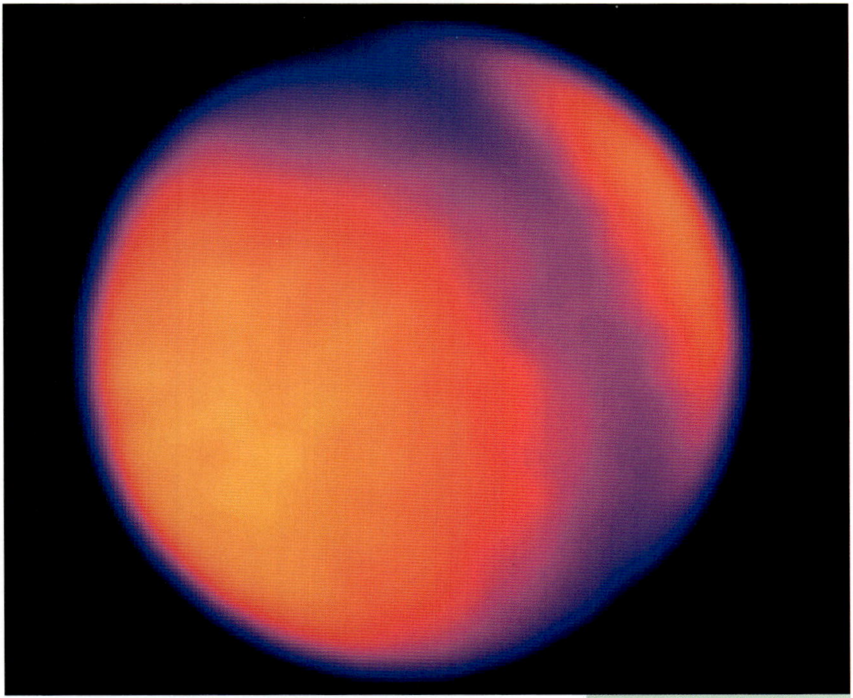

Der Merkur hat eine sehr dünne Atmosphäre und reflektiert das Sonnenlicht nur schwach. Sein Himmel ist trotz Tagestemperaturen von bis zu 430 °C immer dunkel. Während der langen Nacht können die Temperaturen bis auf –170 °C fallen. Da die Rotationsachse nicht geneigt ist, gibt es keine Jahreszeiten, und der Äquator erhält das ganze Jahr über den stärksten Lichteinfall. Bei diesen hohen Tagestemperaturen ist die Existenz von Wasser in jedweder Form höchst unwahrscheinlich. Dennoch sandten Wissenschaftler 1991 Radiowellen zur Merkuroberfläche. Das Experiment überraschte: Ungewöhnliche Signale im Bereich um den Nordpol lassen gefrorenes Wasser tief im Inneren der Krater vermuten, wo die Sonnenstrahlen es wegen der senkrechten Merkurachse nicht erreichen können.

**PHYSIKALISCHE DATEN**

**OBERFLÄCHENSCHWERKRAFT:**
3,7 $m/s^2$ (Wegen seiner geringen Masse beträgt die Schwerkraft des Merkur nur etwa ein Drittel der Erdschwerkraft. Ein Objekt, das auf der Erde 100 kg wiegt, würde auf dem Merkur etwa 38 kg wiegen.)

**ATMOSPHÄRE:**
Kalium, Natrium, Sauerstoff, Argon, Helium, Stickstoff, Wasserstoff

**ATMOSPHÄRISCHER DRUCK:**
Spuren (1,03 $kg/cm^2$ auf der Erde)

# VENUS

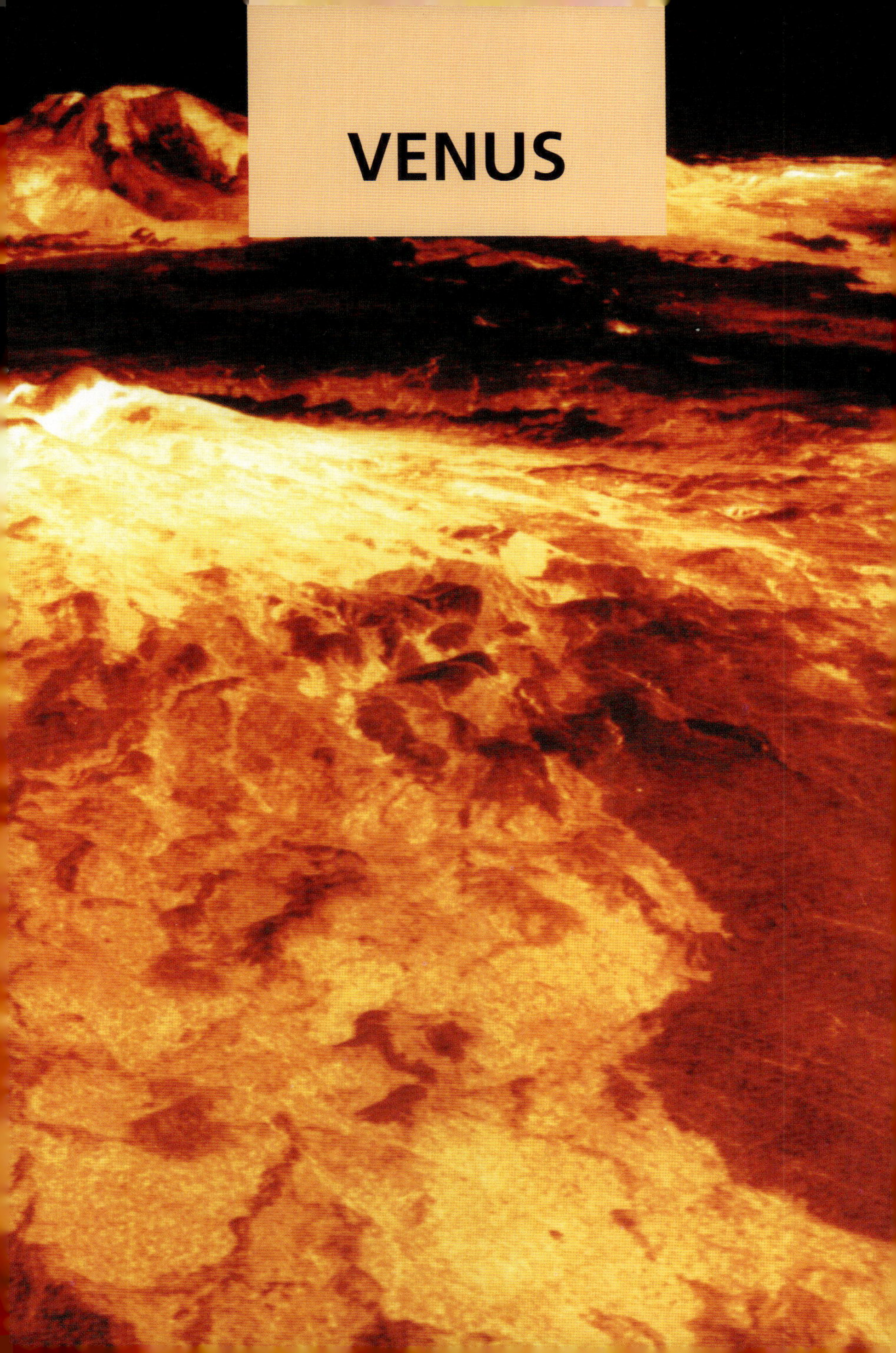

# DER HELLSTE PLANET

**OBEN:** Falschfarbenbild der Oberfläche der westlichen Venushemisphäre. Der Nordpol befindet sich auf der Abbildung oben. Das helle Band auf der Scheibe markiert die Ausdehnung von Aphrodite Terra, einem „Kontinent" von der Größe Afrikas. Am linken Rand befindet sich die größte Hochlandregion, darunter das kreisförmige Grabensystem Artemis Chasma.

**ZEITTAFEL**

1610 – Der italienische Physiker Galileo Galilei entdeckt, dass die Venus ähnliche Phasen wie der Mond hat.

1666 – Der italienisch-französische Astronom Giovanni Domenico Cassini stellt erste Berechnungen der Rotationsgeschwindigkeit der Venus an.

1911 – Der amerikanische Astronom Vesto M. Slipher weist mithilfe der Spektralanalyse nach, dass die Rotationsdauer der Venus mehr als einen Erdtag beträgt

Die Römer nannten den zweiten Planeten im Sonnensystem Venus, nach der Göttin der Liebe und Schönheit, vielleicht weil sie so herrlich am Abend- und Morgenhimmel erstrahlt. Wegen ihrer dichten Wolkendecke reflektiert die Venus stark das Licht – das macht sie zum hellsten Planeten im Sonnensystem. So hell ist die Venus, dass sie manchmal sogar am Tag zu sehen ist. Damit ist sie neben Sonne und Mond der einzige Himmelskörper, der tagsüber von der Erde aus beobachtet werden kann. Die Venus ist näher an der Sonne als die Erde und daher am Himmel stets in Richtung der Sonne zu suchen. Da ihre Umlaufbahn nicht so nah an der Sonne wie die des Merkur verläuft, wird sie nicht so leicht von der Sonne überstrahlt und erscheint so hell am Nachthimmel, dass sie seit Urzeiten als Morgenstern und Abendstern bezeichnet wird.

# SCHWESTERPLANET

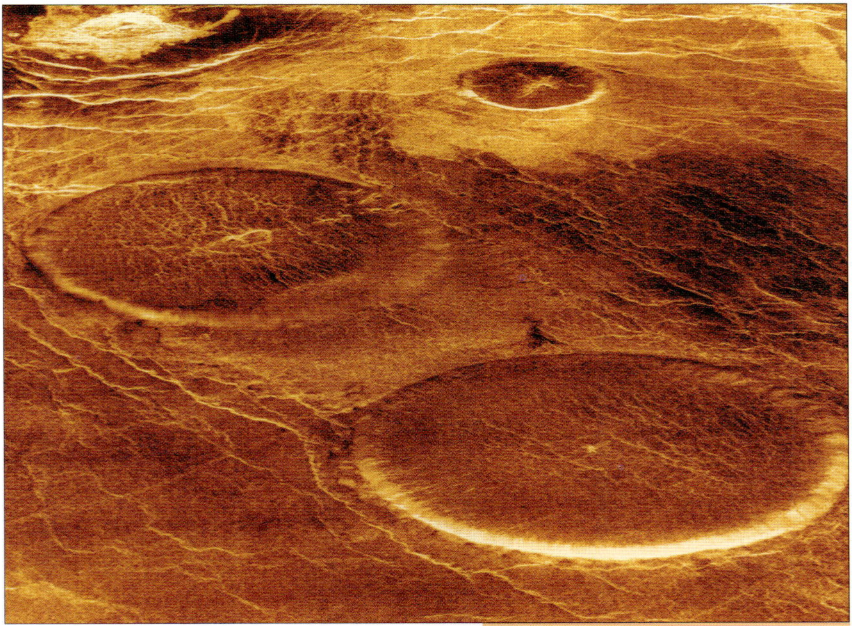

Die Venus wird oft als Schwesterplanet der Erde bezeichnet, nicht nur weil sie unmittelbare Nachbarn im Sonnensystem sind, sondern auch wegen ihrer ähnlichen Maße. So sind sie in Bezug auf Durchmesser, Fläche, Volumen und Masse vergleichbar. Doch da hören die Ähnlichkeiten auch schon auf. Die mittlere Oberflächentemperatur beträgt zwischen 400 und 500 °C. Angesichts solcher Temperaturen, die Blei schmelzen lassen, konnte man pflanzliches oder tierisches Leben mit großer Sicherheit ausschließen. Bei der Analyse der Venusatmosphäre durch amerikanische und sowjetische Sonden stellte sich heraus, dass sie zu mehr als 90 % aus Kohlendioxid besteht. Den genauen Anteil des Gases schätzen Wissenschaftler heute sogar auf 96 %.

**OBEN:** Darstellung von Vulkanen auf der Venus. Mit Temperaturen von fast 500 °C hat die Venus die heißeste Planetenoberfläche im Sonnensystem. Dies verdankt sie ihrer Kohlendioxidatmosphäre, die die Wärme der Sonne speichert. Schwefelsäurewolken verhüllen den Planeten.

**VORHERGEHENDE DOPPELSEITE:** computergeneriertes Falschfarbenbild mit 3D-Blick auf die Venuslandschaft in Richtung Sapas Mons.

### PHYSIKALISCHE DATEN

**MASSE:** 4,87 x $10^{24}$ kg (Etwa 80 % der Masse der Erde.)

**VOLUMEN:** 9,3 x $10^{11}$ $km^3$

**DICHTE:** 5,2 $g/cm^3$ (Ein „Teil" der Venus würde etwas weniger wiegen als ein gleich großer „Teil" der Erde.)

# TREIBHAUSEFFEKT

Die hohen Temperaturen lassen sich nicht durch die Sonnennähe erklären, denn die höchsten aufgezeichneten Temperaturen auf dem Merkur fallen fast 50 °C niedriger aus als die mittlere Venustemperatur. Der Grund dafür liegt darin, dass sich die Venus aufheizt. Alle Planeten mit Atmosphäre weisen einen natürlichen Treibhauseffekt auf. Wegen ihrer sehr kurzen Wellenlänge können die Sonnenstrahlen die Gase der Atmosphäre durchdringen. Wellen, die die Oberfläche eines Planeten erreichen, werden entweder absorbiert oder reflektiert. Die zurückgeworfenen Wellen werden zu Infrarotstrahlung, die eine größere Wellenlänge als die einfallenden Strahlen hat und deshalb die Planetenatmosphäre weniger leicht durchdringen und damit wieder verlassen kann. Einige Infrarotstrahlen gelangen zurück in den Weltraum, doch viele werden von den atmosphärischen Gasen absorbiert oder wiederum reflektiert; dadurch heizen sie den Planeten auf. Im Fall der Venus ist der hohe Kohlendioxidgehalt der Atmosphäre für das Speichern der Wärme und die höchsten Oberflächentemperaturen im Sonnensystem verantwortlich. Es handelt sich dabei um eine extreme Ausprägung des Treibhauseffekts, stärker als auf jedem anderen Planeten im Sonnensystem.

**LINKS:** computergenerierte perspektivische Ansicht der Venus mit Blick nach Osten in Richtung der Maxwell Montes. Die höchste Bergkette (direkt oberhalb der Mitte) der Venus überragt den mittleren Planetenradius um 11 km.

### PHYSIKALISCHE DATEN

**OBERFLÄCHENSCHWERKRAFT:** 8,9 $m/s^2$ (Wer auf der Erde 100 kg wiegt, würde auf der Venus 91 kg wiegen.)

**ATMOSPHÄRE:** Kohlendioxid, Stickstoff, Argon, Kohlenmonoxid, Neon, Schwefeldioxid

**ATMOSPHÄRISCHER DRUCK:** 93 $kg/cm^2$ (1,03 $kg/cm^2$ auf der Erde. Der Druck ist auf der Venus so hoch, dass ein Mensch dort demselben Druck wie in 900 m Meerestiefe ausgesetzt wäre.)

# VENUSDURCHGANG

**OBEN:** Venusdurchgang. Die Venus ist der schwarze Punkt links unten auf der Sonne. Zu einem Durchgang kommt es, wenn die Venus von der Erde aus gesehen vor der Sonne vorbeiwandert. Die Aufnahme zeigt den ersten Venusdurchgang seit 1882. Von der Erde aus gesehen, können nur Merkur und Venus vor der Sonne vorbeiwandern.

### PHYSIKALISCHE DATEN

**MITTLERE ENTFERNUNG ZUR SONNE:**
108 208 930 km (von der Erde zur Sonne: 150 000 000 km)

**MITTLERE BAHNGESCHWINDIGKEIT:**
35 km/s (Erde: 30 km/s)

In der unteren Konjunktion zieht die Venus normalerweise ober- oder unterhalb der Sonne vorbei. Kreuzen sich jedoch Erd- und Venusbahn, was selten geschieht, lässt sich beobachten, wie die Venus direkt vor der Sonne vorbeiwandert. Es passiert dasselbe wie bei einer Sonnenfinsternis, wenn sich der Mond vor die Sonne schiebt. Die Venus ist jedoch viel weiter entfernt als der Mond, und der Effekt ist weit weniger ausgeprägt. Ein Venusdurchgang ist ein seltenes Ereignis. Er tritt paarweise in regelmäßigen Abständen von 121,5 und 8 Jahren sowie 105,5 und 8 Jahren auf. Der letzte Venusdurchgang ereignete sich 2004, das letzte Transitpaar war 1874 und 1882. Der nächste Durchgang wird für 2012 erwartet und am besten vom Pazifik aus zu beobachten sein.

# ROTATION

Der Planet ist insofern einzigartig, als ein Venustag länger dauert als ein Venusjahr. Er benötigt 243 Erdtage für eine Eigenrotation, aber nur 225 Erdtage für einen Umlauf um die Sonne. Ungewöhnlich ist ebenfalls die Rotationsrichtung von Osten nach Westen statt der konventionellen Drehung von Westen nach Osten. Deshalb geht die Sonne anders als auf der Erde im Westen auf und im Osten unter. Dabei beträgt die Achsenneigung nur zwei Grad. Einige Astronomen vermuten allerdings, dass der Planet einfach nur verkehrt herum steht, die Achse also um 178° geneigt ist. Dies würde bedeuten, dass er sich konventionell rechtläufig dreht, dabei aber auf dem Kopf steht.

**OBEN:** farbige Radarkarte der östlichen Venushemisphäre. Sie wurde mithilfe von Magellan-Daten aus den Jahren 1990 bis 1994 erstellt. Die Farben verdeutlichen die Oberflächenhöhe im Vergleich zum mittleren Planetenradius (6041 km). Blaue Farbtöne kennzeichnen Gebiete unterhalb des mittleren Radius, während Bereiche oberhalb des mittleren Radius grün, braun, rosa und weiß (am höchsten) eingefärbt sind.

**PHYSIKALISCHE DATEN**

**UMLAUFDAUER:** 225 Erdtage

**ROTATIONSDAUER:** 243 Erdtage

# WOLKENHÜLLE

**OBEN:** Radarkarte der westlichen Venushemisphäre. Vier größere radarhelle Hochlandregionen sind erkennbar. Unmittelbar rechts neben der Mitte liegen untereinander Beta Regio (oben), Phoebe Regio und die Themis Regio (unten). Der helle Bereich links von der Mitte ist der Ostrand des „Kontinents" Aphrodite Terra.

**RECHTE SEITE:** obere Wolkenschichten der Venus. Die Struktur der Wolken ist seit vielen Jahren gleich. In Polnähe erkennt man jeweils zwei dichte Wolkenbänder. Die hohen Wolken setzen sich hauptsächlich aus Schwefelsäuretröpfchen zusammen.

Wegen der extremen Temperaturen bildet sich die Wolkenschicht, die die Oberfläche verhüllt, viel höher in der Atmosphäre als auf der Erde. Die Wolken auf der Venus formieren sich in 45 bis 65 km Höhe zu einem Gürtel, während sie auf der Erde selten höher als 10 km reichen. Die Venuswolken bestehen hauptsächlich aus Schwefelverbindungen und werden von heftigen Winden mit bis zu 300 km/h um den Planeten getrieben. Spitzengeschwindigkeiten finden sich nur in den oberen Bereichen, an der Oberfläche bewegen sich die Winde mit nur wenigen Stundenkilometern. Der Planet kennt auch Regen, aber im Gegensatz zum Wasserregen auf der Erde besteht der Venusregen aus Schwefelsäure.

# DIE ERSTEN VENUSSONDEN

**OBEN:** Schnittbild vom inneren Aufbau der Venus. Anhand des Kastens unten rechts mit der maßstäblichen Darstellung von Erde und Venus erkennt man, dass sie in etwa dieselbe Größe haben. Die Venus verfügt über einen festen Eisenkern unter einem dicken Mantel aus Silikatmineralen.

## PHYSIKALISCHE DATEN

**ENTFERNUNG ZUR ERDE:** 38150900 km

**KRUSTE:** 30 km dick (Erdkruste: 70 km)

**MITTLERE TEMPERATUR (OBERFLÄCHE):** 470 °C (auf der Erde: –90 bis 60 °C)

Durch die dichte Wolkendecke an der genauen Beobachtung gehindert, setzten sich die Vereinigten Staaten und die Sowjetunion das Erkunden der Venusoberfläche zum Ziel. Mariner 2 war 1962 die erste interplanetare Raumsonde, die Venus erreichte. Sie untersuchte die Atmosphäre, ohne die Wolkendecke zu durchdringen. 1970 absolvierte die sowjetische Sonde Venera 7 die erste erfolgreiche Landung auf einem Planeten überhaupt. Venera 7 übermittelte eine knappe halbe Stunde lang unter den anspruchsvollsten Bedingungen Venusdaten: Temperaturen von über 460 °C und einen atmosphärischen Druck, der das 90fache des Drucks an der Erdoberfläche beträgt. Menschen würden unter dem Druck sofort zermalmt, was eine bemannte Venusmission auf absehbare Zeit ausschließt.

# OBERFLÄCHE

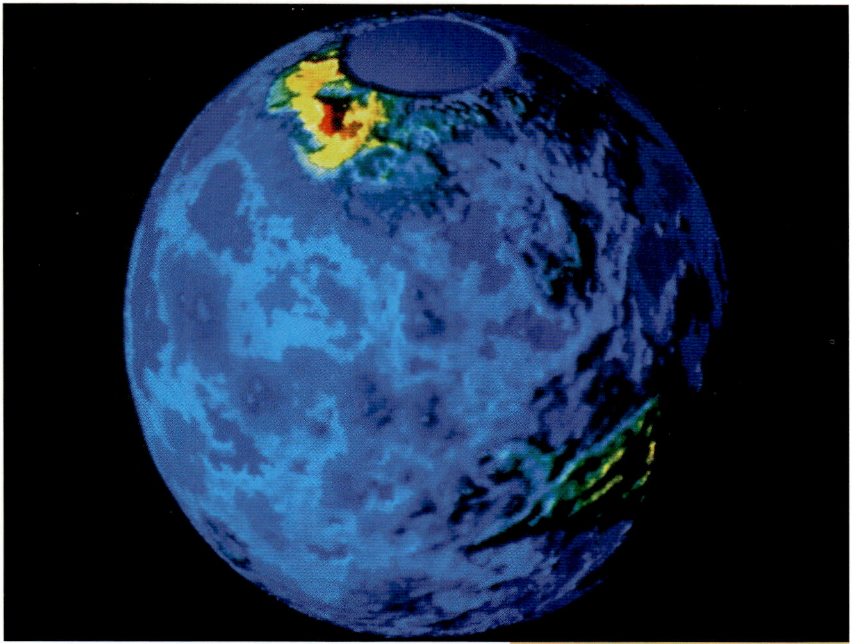

Im Oktober 1975 landeten innerhalb einer Woche die sowjetischen Sonden Venera 9 und Venera 10 auf dem Planeten. Die beiden Sonden fotografierten erstmals seine Oberfläche. Die Schwarz-Weiß-Aufnahmen zeigen Lavaüberreste von Vulkanausbrüchen. Eine Pioneer-Sonde wurde von der NASA ausgesandt, um mit der Kartierung des Planeten zu beginnen. Dabei wurden zwei Hochlandregionen ausgemacht, die später Aphrodite Terra und Ishtar Terra genannt wurden. Die höchste Erhebung der Venus, die Maxwell Montes, wurde ebenfalls entdeckt, ihre genaue Höhe ist jedoch nur schwer zu berechnen. Nimmt man die mittlere Oberflächenhöhe als Ausgangspunkt für die Messungen, sind sie vermutlich 11,5 km hoch und überragen damit den Mount Everest um mehr als 2 km.

**OBEN:** farbkodierte topografische Landkarte der Venusoberfläche. Der glatte, kreisrunde Bereich ist der nördliche Pol. Den Großteil der Oberfläche bedecken relativ glatte, hier blau eingefärbte Ebenen. Man erkennt auf der Karte zwei große Hochlandregionen: Ishtar Terra (oben rechts) und Aphrodite Terra (unten links).

**PHYSIKALISCHE DATEN**

**DURCHMESSER:** 12 104 km (Erde: 12 756 km)

**UMFANG:** 38 025 km (Erde: 40 075 km)

**FLÄCHE:** 460 200 000 km² (Erde: 510 072 000 km²)

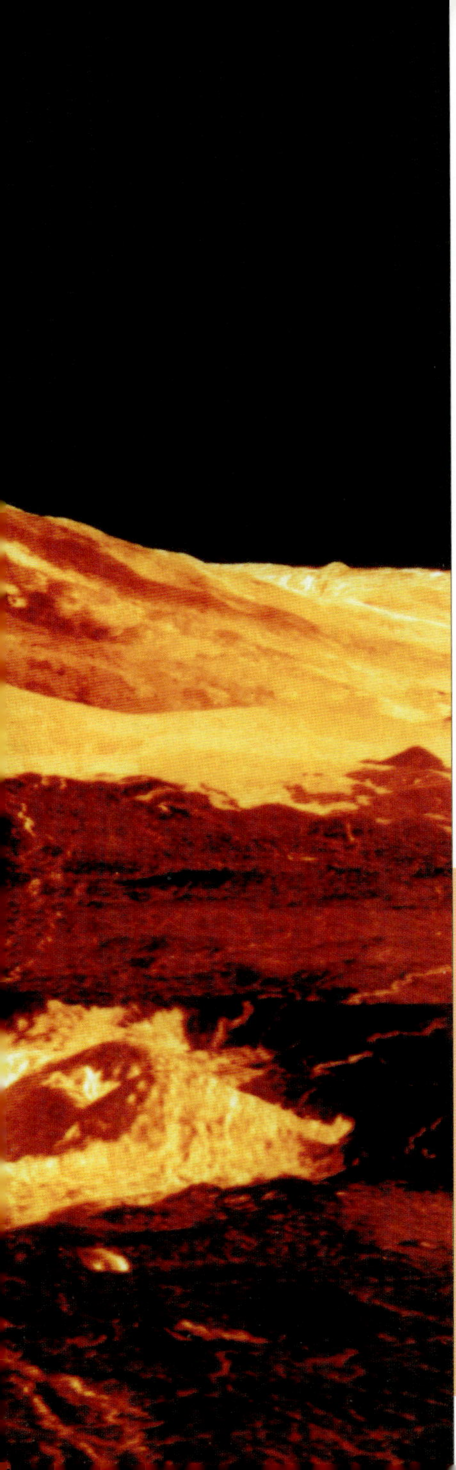



# DAS KARTIEREN DER OBERFLÄCHE

1990 konnte die NASA-Sonde Magellan schätzungsweise 98 % der Oberfläche aufnehmen und entdeckte dabei insgesamt 167 Vulkane mit einem Durchmesser von mehr als 100 km sowie viele tausend kleinere Vulkane. Es zeigte sich, dass die Oberfläche unseres Schwesterplaneten viel glatter ist als die der Erde, da sie zu großen Teilen von Lavaströmen geschaffen wurde. Die Oberfläche besteht größtenteils aus relativ jungem Basaltgestein, das zwischen 200 und 800 Millionen Jahre alt ist und auf vulkanische Aktivität in jüngster Vergangenheit schließen lässt. Das Oberflächengestein der Erde ist von unterschiedlichem Alter, während die gesamte Venus vergleichsweise jung erscheint. Dies hat zu der Vermutung geführt, dass die Venusvulkane nicht auf Plattentektonik zurückgehen, sondern auf einen verheerenden Ausbruch.

**LINKS:** Das computergenerierte 3D-Bild zeigt in falschen Farben den Blick auf die Venuslandschaft in Richtung des Maat Mons. Der 5 km hohe Vulkan erscheint am Horizont in der Mitte. In der umliegenden Landschaft zeichnen sich radarhelle Lavaströme ab. Im Vordergrund unten rechts liegt ein Impaktkrater.

### ZEITTAFEL

1824 – Der deutsche Astronom Johann Encke berechnet die Entfernung der Erde zur Sonne anhand von Daten, die während des Venusdurchgangs von 1769 gesammelt worden waren. Seine Schätzung von 150 000 000 km hat mehrere Jahrzehnte Bestand.

1932 – Die amerikanischen Astronomen Theodore Dunham und Walter Adams entdecken Kohlendioxid in der Venusatmosphäre.

1962 – Der amerikanische Astronom Carl Sagan berechnet als Erster den Einfluss der Venusatmosphäre auf die Oberflächentemperatur.

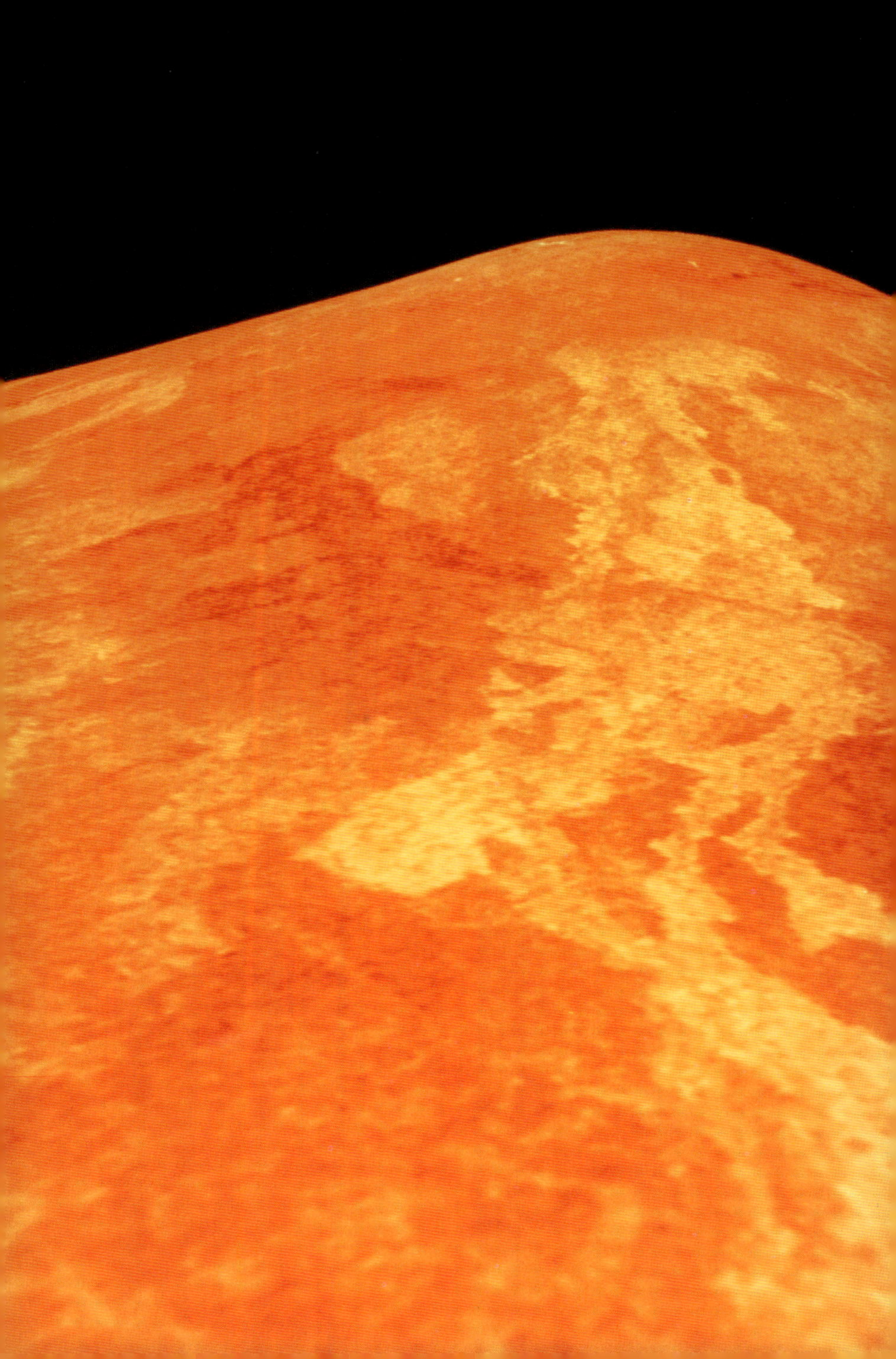

# WEITERE MISSIONEN

Die ESA-Sonde Venus Express machte sich im November 2005 vom Weltraumbahnhof Baikonur in Kasachstan aus auf den Weg und erreichte Mitte 2006 eine Umlaufbahn des Planeten. Von dort aus misst sie die Oberflächentemperaturen und untersucht die Atmosphäre und die Wolken des Planeten. Japan plant ebenfalls einen Venusorbiter in Bewegung zu setzen: Planet-C wird 2007 nach Hinweisen auf vulkanische Aktivität suchen und die Analyse der Venusatmosphäre fortsetzen. Mitte der 1960er-Jahre wurde das Gravity-assist- oder Slingshot-Manöver entwickelt, das es einem Raumfahrzeug ermöglicht, die Planetenschwerkraft zu nutzen, um eine größere Beschleunigung zu erzielen. Das Ergebnis sind kürzere Reisezeiten und geringerer Treibstoffverbrauch. Dank dieser Technik wurde die Venus zum indirekten Ziel vieler Raumfahrzeuge, die sich von ihr zeit- und kosteneffizient in die Tiefen des Sonnensystems katapultieren ließen. Die meisten von ihnen waren Minimissionen, die die Technik an dem Planeten erprobten. Als nächster Nachbar der Erde bietet er sich für diese Art des Schwungholens geradezu an und ist der große Nutznießer dieser Technik. Nicht nur Missionen zu den äußeren Planeten setzen die Venus als Katapult ein – um zum Merkur zu gelangen, benötigt die NASA-Sonde MESSENGER in den Jahren 2006 und 2007 zwei Venusvorbeiflüge. Und schon bald wird ihr die geplante europäische Merkurmission BepiColombo folgen.

**LINKS:** computergenerierte topografische Ansicht des Venusvulkans Sif Mons. Sif Mons ist 2 km hoch, besitzt einen Durchmesser von 300 km und befindet sich in der westlichen Eistla Regio. Eine Folge heller Lavaströme ergießt sich 120 km vom Gipfel herab.

# ERDE

# DRITTER FELSBROCKEN

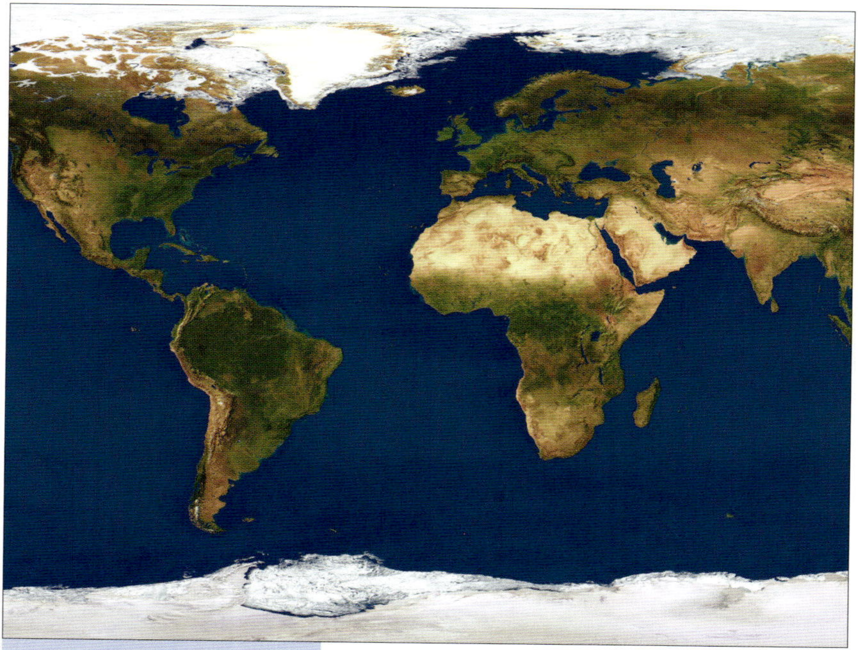

**OBEN:** anhand von Satellitendaten erstellte Karte der gesamten Erde. Die Landmassen werden von Vegetation oder Trockengebieten wie den Wüsten im nördlichen Afrika dominiert. In den Polregionen bedecken Schnee und Eis sowohl Meer als auch Land.

## PHYSIKALISCHE DATEN

**MITTLERE ENTFERNUNG ZUR SONNE:** 150 000 000 km

**UMLAUFDAUER:** 365,25 Tage

**ROTATIONSDAUER:** 23 Stunden, 56 Minuten

**MITTLERE BAHNGESCHWINDIGKEIT UM DIE SONNE:** 30 km/s

Der dritte „Felsbrocken" im Sonnensystem ist die Erde, auch nach der römischen Erdgöttin Terra genannt. Die Erde ist einzigartig im Sonnensystem: Sie ist der einzige Planet mit einer Stickstoff-Sauerstoff-Atmosphäre und Ozeanen aus flüssigem Wasser, die mehr als 70 % ihrer Oberfläche bedecken … und der einzige bekannte Planet mit Leben. Die Erde ist auch heute noch geologisch aktiv. Ihre Oberfläche verändert sich langsam, aber kontinuierlich. Mit dem Mond besitzt sie einen relativ großen Satelliten. Aufgrund der ähnlichen Größenverhältnisse werden die beiden Objekte gerne als Doppelplanet bezeichnet.

# JAHRESZEITEN

Die Erde benötigt 365,25 Tage, um die Sonne in einer mittleren Entfernung von 150 Millionen km zu umkreisen. Für das Rotieren um die eigene Achse benötigt der Planet 23,93 Stunden. Die Erdachse steht nicht senkrecht auf der Ebene der Umlaufbahn, sondern ist um 23,5° gegen sie geneigt. Aufgrund dieser Neigung erhalten die Breitengrade der Nord- und Südhalbkugel auf der Bahn um die Sonne unterschiedliche Mengen Sonnenwärme. Die Jahreszeiten schreiten vom Frühling über den Sommer und Herbst fort bis zum Winter. Die klimatischen Änderungen fallen in den gemäßigten Breiten und den Polargebieten am deutlichsten aus. Während die meisten Regionen im Sommer mehr Sonnenstunden und im Winter längere Stunden der Dunkelheit haben, steigern sich in den Polargebieten die jahreszeitlichen Änderungen ins Extrem.

**OBEN:** die Erdsichel. Die Aufnahme machte das Raumfahrzeug Apollo 4 aus einer Umlaufbahn von 17960 km Höhe. Durch die zahlreichen Wolken lassen sich auf dem beleuchteten Bereich nur schwer Oberflächenstrukturen ausmachen.

### PHYSIKALISCHE DATEN

**TEMPERATUREN:** –90 bis 60 °C

**ATMOSPHÄRISCHER DRUCK:** 1,03 kg/cm²

**OBERFLÄCHENSCHWERKRAFT:** 9,8 m/s²

**DURCHMESSER:** 12756 km

**UMFANG:** 40075 km

**FLÄCHE:** 510072000 km²

**NEIGUNG DER ROTATIONSACHSE:** 23,5°

**MASSE:** $5{,}97 \times 10^{24}$ kg

**VOLUMEN:** $1{,}1 \times 10^{12}$ km³

**DICHTE:** 5,5 g/cm³ (Die Erde ist der dichteste Körper im Sonnensystem.)

# BIOSPHÄRE

Die Erde ist der einzige bekannte Planet mit Leben – ein ausgesprochen anpassungsfähiges, denn jede Region der Erde beherbergt Lebensformen. Selbst in Tiefen von 10 000 m unter dem Meeresspiegel und in über 20 000 m Höhe wurde Leben entdeckt. Es findet sich im Ozean, in der Luft, der Wüste und den Polargebieten, die größte Vielfalt bieten jedoch die tropischen Regionen. Dass sich das Leben als so widerstandsfähig erweist, ermutigt zu der Vorstellung, dass irgendwo im Sonnensystem weitere Lebensformen existieren könnten, auf deren Auffinden zahlreiche Wissenschaftler immer noch hoffen.

**LINKS:** Die Sonne geht hinter der Erde unter. Die Aufnahme entstand bei der Rückkehr des Raumfahrzeugs Apollo 12 von der zweiten bemannten Mondlandung 1969.

**ZEITTAFEL**

1957 – Sputnik 1 (UdSSR), der erste künstliche Erdsatellit, wird gestartet.

1959 – Luna 1 (UdSSR) absolviert als erstes Raumfahrzeug einen Vorbeiflug am Mond und schwenkt in eine Umlaufbahn um die Sonne ein.

1960 – NASA startet TIROS, den ersten Wettersatelliten.

1961 – Wostok 1 (UdSSR) befördert Juri Gagarin als ersten Menschen in den Weltraum. Alan Shepard ist der erste amerikanische Astronaut im Weltraum.

1962 – John Glenn umkreist als erster Amerikaner die Erde.

1964 – Mit Nimbus 1 wird der erste einer Serie von Wettersatelliten zur Erkundung der Erde gestartet.

1968 – Die ersten Menschen umkreisen den Mond.

1969 – Mit Apollo 11 gelingt die erste bemannte Mondlandung.

1973 – Skylab, die erste bemannte Raumstation, wird gestartet.

1978 – Das auf Nimbus 7 eingesetzte Messgerät TOMS liefert regelmäßig Daten über den Zustand der Ozonschicht.

2000 – Die NASA startet Terra, den ersten Satelliten des Programms Earth Observing System (EOS).

# ATMOSPHÄRE

**OBEN:** Satellitenbild der Erde, in der Mitte die Arabische Halbinsel. Das Rote Meer trennt sie von Afrika, und sie wird von Europa, dem restlichen Asien und dem Indischen Ozean umschlossen.

Die Atmosphäre der Erde besteht aus etwa 78 % Stickstoff, 21 % Sauerstoff und 1 % Argon sowie Spuren von weiteren Edelgasen, Wasserstoff und Kohlendioxid. Man nimmt an, dass die gegenwärtige Zusammensetzung der Atmosphäre die dritte Entwicklungsstufe seit dem Entstehen des Planeten ist. Die erste Atmosphäre bestand wohl hauptsächlich aus Wasserstoffgas mit etwas Helium und verdunstete in den Weltraum, als der Planet noch nicht erstarrt war. Als die Oberfläche abkühlte und verkrustete, bildeten sich Vulkane. Die Schwerkraft der Erde hielt die vulkanischen Gase nahe der Oberfläche zurück, sodass eine zweite Atmosphäre entstand, die vor allem aus Kohlendioxid und Wasserdampf bestand. Der Wasserdampf fiel als Regen herab und bildete Ozeane. Kohlenstoffverbindungen in den Ozeanen wurden zum Nährboden für bakterielles und später für pflanzliches Leben, das Sauerstoff lieferte. Durch die Zersetzung der Pflanzen reicherte sich der Boden mit Ammonium an, das mit Bakterien reagierte und dabei Stickstoff freisetzte, der schließlich in die Atmosphäre gelangte.

# SCHICHTEN DER ATMOSPHÄRE

Die Erdatmosphäre gliedert sich in mehrere Schichten. Die unterste, die Troposphäre, reicht bis in eine Höhe von 8 km an den Polen und 18 km am Äquator. Benannt ist die von Winden durchwehte Schicht nach dem griechischen Wort für „Wende" oder „Kehre". Die Bedingungen in der Troposphäre variieren von Region zu Region und sind zeitabhängig. Den jeweiligen Zustand der Troposphäre bezeichnet man als Wetter. Verursacht wird es durch Unterschiede zwischen den Energiemengen, die ein Gebiet von der Sonne erhält, was zu Schwankungen des atmosphärischen Druckes, der Temperatur und Feuchtigkeit, des Windes und der Wolkendecke führt. Über der Troposphäre liegt die Stratosphäre. Sie wird durch Ultraviolettstrahlung erhitzt, die von Ozonteilchen absorbiert wird. Viele Ozonpartikel finden sich hoch oben in der Stratosphäre, wo sie eine Ozonschicht bilden. Jenseits der Thermosphäre folgt die Exosphäre, aus der Gase in den Weltraum entweichen.

**OBEN:** Sonnenuntergang hinter der Erde, vom Spaceshuttle Columbia aus gesehen. Die Gewitterwolken ragen bis hoch in die Atmosphäre hinauf. Die glühende Sonne spiegelt sich in den oberen Schichten der Atmosphäre, die eine scharfe Trennlinie zwischen Erde und Weltraum bilden.

### SCHICHTEN DER ATMOSPHÄRE

**TROPOSPHÄRE:** in 8–18 km Höhe über der Erdoberfläche

**STRATOSPHÄRE:** in 50 km Höhe über der Erdoberfläche

**MESOSPHÄRE:** in 50–85 km Höhe über der Erdoberfläche

**THERMOSPHÄRE:** in 85–450 km Höhe über der Erdoberfläche

**EXOSPHÄRE:** in 450–10 000 km Höhe über der Erdoberfläche

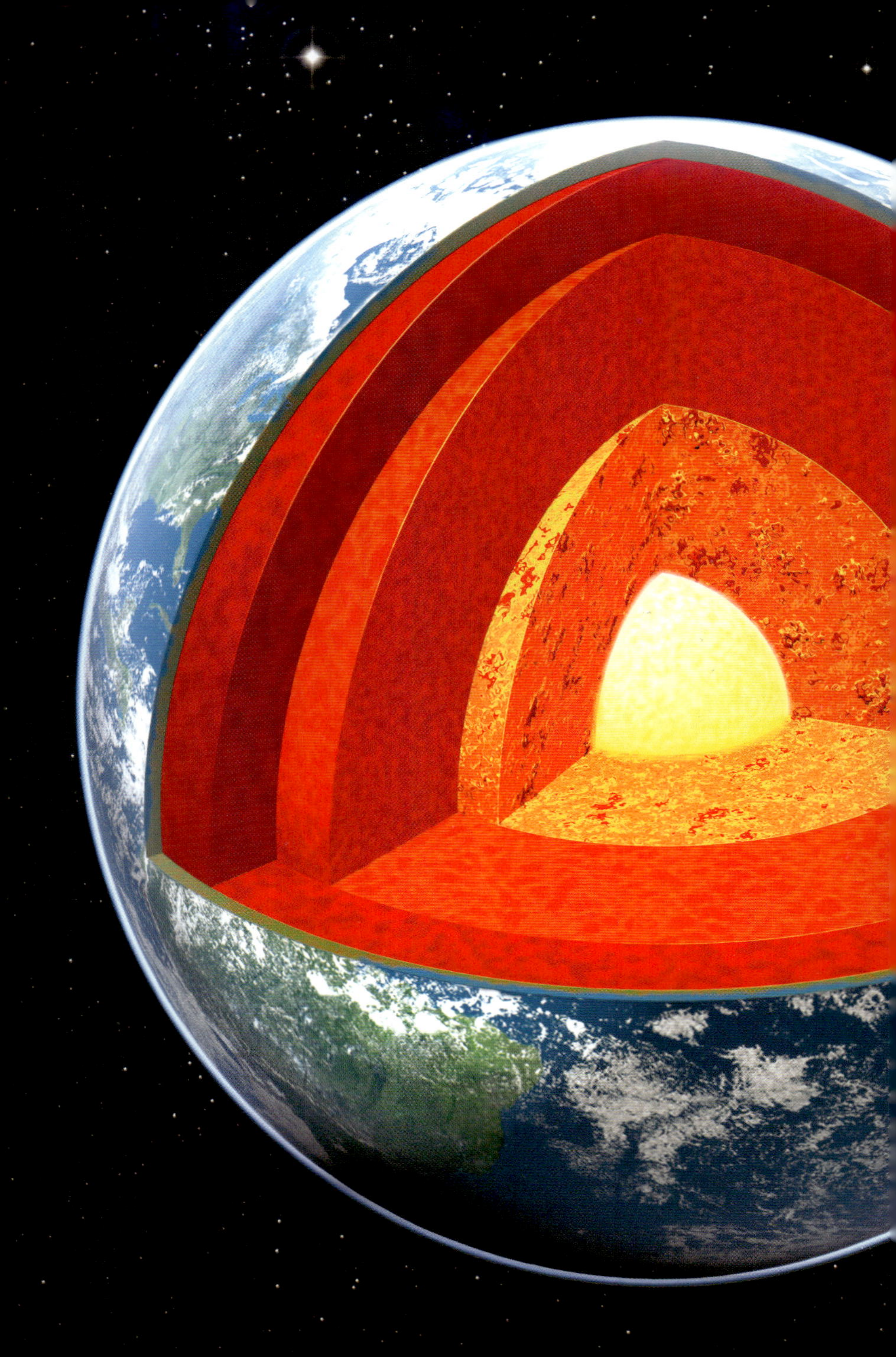

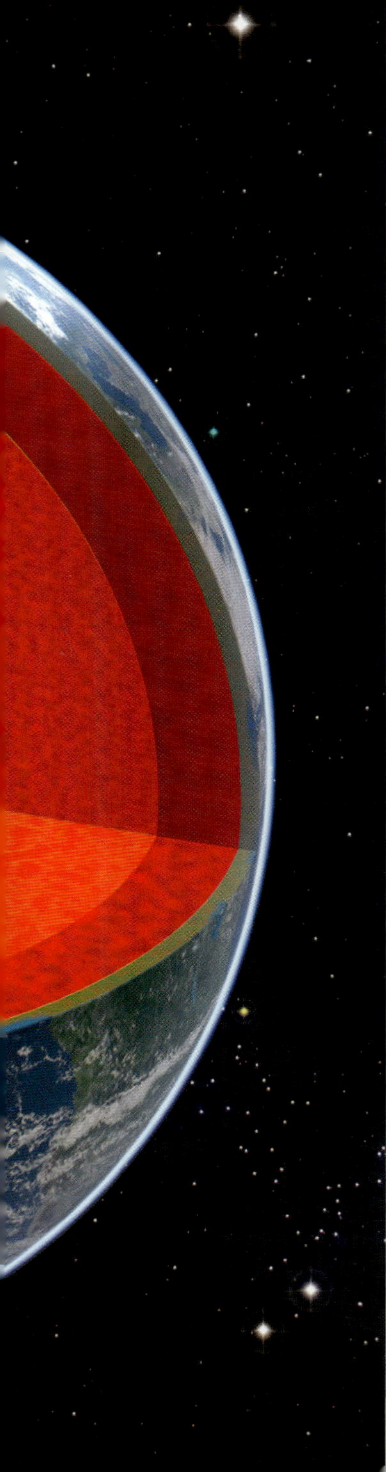



# INNERER AUFBAU

In ihrer Jugend war die Erde ein Ball aus geschmolzenem Gestein. Als sie abkühlte, verkrustete die Oberfläche über dem geschmolzenen Inneren. Durch den Abkühlungsprozess erhielt unser Planet seine heutige Gestalt. Mehr als 5000 km unter der Oberfläche verbirgt sich ein fester Innenkern aus Eisen, den ein äußerer Kern aus geschmolzenem Eisen und Nickel umgibt. Auf ihn folgt der Mantel. Sein oberster Bereich, eine Schicht halb geschmolzenen, zähflüssigen Gesteins, die von 30 bis fast 3000 km Tiefe reicht, wird Asthenosphäre genannt. Darüber erstreckt sich die durchschnittlich 30 km dicke Erdkruste. Die oberste Krustenschicht stellt dann die eigentliche Oberfläche dar, die zu großen Teilen unter Wasser liegt und daher nicht sichtbar ist. Die Bereiche der Oberfläche oberhalb des Meeresspiegels bilden unsere Kontinente. Der innere Aufbau der Erde konnte dank der Seismologie erschlossen werden. Dafür untersuchten Wissenschaftler das Verhalten der seismischen Wellen, die sich bei einem Erdbeben im Erdinneren ausbreiten. Die besten Kenntnisse über den inneren Aufbau unseres Planeten erhält natürlich, wer sich dorthin begibt. Bis jetzt wurde aber die Krustenoberfläche von den tiefsten Bohrern gerade einmal angekratzt.

**LINKS:** schematisches Schnittbild vom inneren Aufbau der Erde. Dargestellt sind die fünf Schichten von innen nach außen: innerer und äußerer Kern, unterer und oberer Mantel sowie die Kruste.

### PHYSIKALISCHE DATEN

**KERN:** 15 % des Erdvolumens; besteht aus Eisen und Nickel; fester Innenkern; der flüssige äußere Kern ist für das Magnetfeld der Erde verantwortlich.

**MANTEL:** 80 % des Erdvolumens; besteht aus geschmolzenem Gestein

**UNTERER MANTEL:** Temperaturen von über 6000 °C

**ERDKRUSTE:** 5–70 km dicke Gesteinsschicht

# OBERFLÄCHE

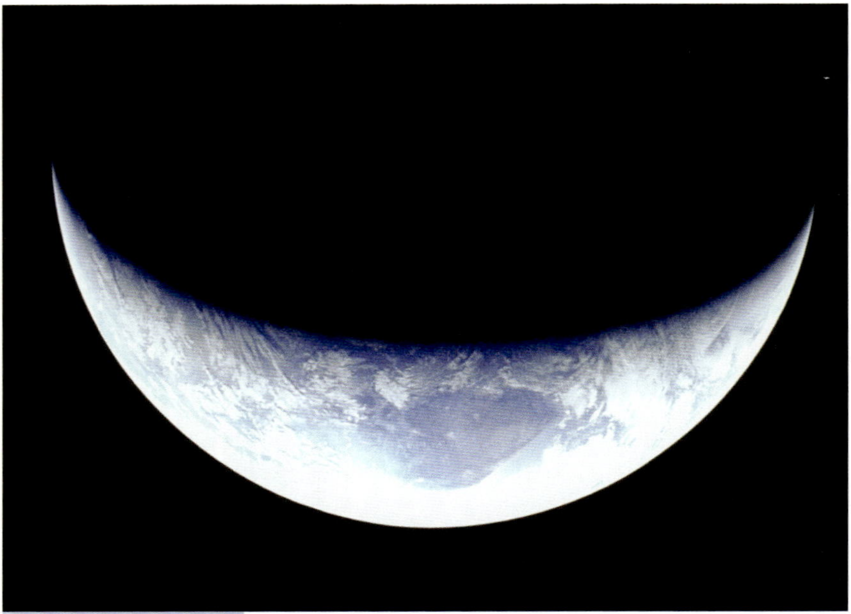

**OBEN:** die Erdsichel, aufgenommen im Juli 1969 von Apollo 11. Das Raumfahrzeug befand sich auf seinem historischen Flug zum Mond für die erste bemannte Mondlandung.

Die Oberfläche der Erde unterliegt ständigen Veränderungen, weil die Kruste in mehrere Platten gebrochen ist. Diese „gleiten" langsam über die Asthenosphäre, bewegen sich jedoch nicht alle in dieselbe Richtung. Zwangsläufig stoßen sie bei ihrer Bewegung also zusammen, treiben auseinander oder schaben aneinander entlang, was häufig zu Vulkanausbrüchen, Erdbeben oder auch beidem zugleich führt. Beim Auseinandertreiben von zwei Platten öffnen sich bis in den Mantel hinabreichende Spalten, aus denen heißes Magma zur Oberfläche emporsteigt und neues Land bildet. Dieser Prozess vollzieht sich normalerweise in den Tiefen der Ozeane und wird deshalb als Seafloor-Spreading oder Meeresbodenausbreitung bezeichnet. Der Platz an der Oberfläche der Erde ist begrenzt. Wenn sich an einigen Plattenrändern Land bildet, müssen sich die Ränder an anderen Stellen also gegen- oder übereinander schieben. Beim Zusammenstoß von zwei Kontinenten faltet sich das Land auf und bildet hohe Gebirge. Als etwa Indien gegen Südasien prallte, entstand der Himalaja.

# PLATTENTEKTONIK

Stößt eine kontinentale mit einer ozeanischen Platte zusammen, ist das Ergebnis zerstörerisch. Ozeanische Platten bestehen aus Basaltgestein, das schwerer als der Granit der Kontinentalplatten ist. Beim Zusammenstoß werden die schweren ozeanischen Platten unter die leichteren kontinentalen Platten gezwungen und tauchen in den Erdmantel ab. Die so genannte Subduktion hat Zerstörung von Krustenteilen zur Folge, vollzieht sich jedoch sehr langsam. Viele Jahre gibt es keine Anzeichen für Aktivität, während die Platte allmählich Druck aufbaut. Er entlädt sich in einem gewaltigen Stoß, der Erdbeben und Flutwellen auslöst. Im Dezember 2004 kamen mehr als 250 000 Menschen ums Leben, als sich die ozeanische Indo-Australische Platte unter die Birmanische Platte schob und dabei einen Tsunami auslöste. Wasser und flüchtige Materialien, die die Platte in den Mantel hinabbegleiten, bewirken hohen Druck, der schließlich in einem Vulkan eine große Explosion auslöst. So entstanden z. B. die Anden und die Rocky Mountains.

**OBEN:** der Popocatepetl. Der 5452 m hohe Vulkan ist der zweithöchste Gipfel Mexikos. Er hatte etwa 60 Jahre friedlich geschlummert, als er 1994 wieder aktiv wurde. Etwa seit Anfang 2001 treten alle paar Monate gemäßigte Ausbrüche und Erdbeben auf. Sie können wie in diesem Fall von einer Asche- und Gassäule begleitet werden, die mehrere Kilometer in den Himmel aufragt und eine Gefahr für die Luftfahrt darstellt. Im Dezember 2000 kam es zum größten Ausbruch seit 1000 Jahren. Zum Schutz der Bevölkerung wird der Vulkan intensiv überwacht. Die Aufnahme entstand im Dezember 1998.

# MOND

# UNSER NATÜRLICHER SATELLIT

**OBEN:** der Tsiolkovsky-Krater auf der Rückseite des Mondes. Der Mond hat eine gebundene Rotation und wendet der Erde stets dieselbe Seite zu. Sowjetische Sonden warfen in den späten 1950er-Jahren erstmals einen Blick auf seine Rückseite und fotografierten sie.

### PHYSIKALISCHE DATEN

**MITTLERE ENTFERNUNG ZUR ERDE:** 384 000 km (Aufgrund der Gravitationsanziehung der Sonne schwankt die Erde-Mond-Entfernung zwischen 356 400 und 406 700 km.)

**UMLAUFDAUER**: 27 Tage, 7 Stunden, 43 Minuten

**ROTATIONSDAUER:** 27 Tage, 7 Stunden, 43 Minuten

Der Mond besitzt eine synchrone Rotation. Für das Rotieren um seine Achse braucht er genauso lange wie für das Umkreisen seines Elternplaneten: 27 Tage, 7 Stunden und 43 Minuten. Deshalb wendet er uns stets dieselbe Seite zu. Seine Rückseite blieb ein Geheimnis, bis die sowjetische Sonde Luna 3 sie am 7. Oktober 1959 erstmals fotografierte. Zwischen Mond und Erde liegen nur 384 000 km, weshalb die beiden Körper eine starke Gravitationsanziehung aufeinander ausüben. Dies führt dazu, dass sich beide in Richtung des anderen leicht auswölben. Diese Wölbung ist kaum wahrnehmbar; die Gravitationskraft, die sie verursacht, bewirkt auch die Gezeiten der Erdmeere.

# ENTSTEHUNG

Der Mond entstand möglicherweise aus Trümmern, die beim Aufprall eines großen Körpers auf die Erde weggeschleudert wurden. Ein ähnlicher Aufschlag ist vielleicht auch für die Neigung der Erdachse verantwortlich. Erde und Mond entfernen sich jedes Jahr um etwa 2 cm voneinander, und legt man dieses Phänomen für die gesamte Geschichte zugrunde, waren die beiden einander in der Vergangenheit einmal viel näher. Unabhängig davon, ob die beiden Körper ursprünglich einen einzigen bildeten oder nicht, lassen Analysen des Mondgesteins vermuten, dass Mond und Erde ein ähnliches Alter haben und vielleicht sogar zeitgleich aus demselben Urmaterial entstanden sind.

**OBEN:** Fotografie der südöstlichen Mondregion. Die dunklen Flecken sind lavagefüllte Becken, die Mare genannt werden.

### PHYSIKALISCHE DATEN

**ALTER:** Wissenschaftler schätzen den Mond auf 4,5 Milliarden Jahre (so alt ist das älteste gesammelte Mondgestein).

**FLÄCHE:** 37 932 330 $km^2$ (Erde: 510 065 700 $km^2$)

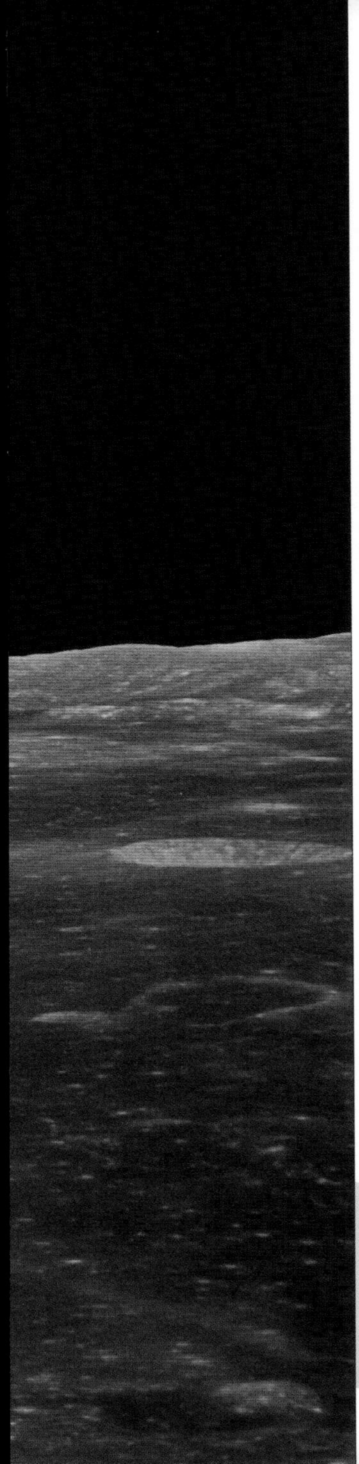



# OBERFLÄCHE

Ein Beobachter auf der Erde kann leicht dunkle und helle Flecken auf dem Mond unterscheiden. Die dunkleren werden Mare – lateinisch für Meer – genannt, da sie ursprünglich für Ozeane gehalten wurden. Die „Mondmeere" sind jedoch in Wirklichkeit glatte Tiefländer aus Basalt und das Ergebnis von Lavaströmen. Vor mehr als drei Milliarden Jahren gelangte infolge großer Meteoriteneinschläge geschmolzenes Gestein aus dem Mantel zur Oberfläche, strömte heraus und bildete die heute sichtbaren Lavaebenen. Vielleicht das berühmteste ist das Mare Tranquillitatis (Meer der Ruhe), Ort der ersten bemannten Mondlandung. Die Meere sind umgeben von verkraterten Hochlandregionen, Narben einer langen Geschichte von Kometen- und Meteoriteneinschlägen. Der strahlenförmige Tycho-Krater ist besonders gut von der Erde aus zu erkennen, weil er durch seine Position im mittleren südlichen Mondabschnitt das Sonnenlicht reflektiert. Ebenfalls auffällig ist der Kopernikus-Krater, der sich mit dem Fernglas leicht ausmachen lässt. Die Hochlandregionen sind von Regolith bedeckt, einer dicken Schicht aus Gesteinstrümmern und Staub. Sie entstand durch Meteoriten, die beim Aufprall zerbarsten und ihre Trümmer über die Oberfläche verstreuten. Die Rückseite des Mondes weist viel weniger Meere auf als die Vorderseite, stattdessen wirkt sie durch die Meteoriteneinschläge ganz „vernarbt". Hier ließen die Einschläge kein geschmolzenes Gestein ausströmen, was darauf hindeutet, dass die Kruste auf der Rückseite dicker ist als auf der Vorderseite.

**LINKS:** Erdaufgang. Die Aufnahme einer blau-weißen Erde, die über dem Mondhorizont aufgeht, wurde im Juli 1969 vom Raumfahrzeug Apollo 11 gemacht. Bei der abgebildeten Mondlandschaft handelt es sich um das Mare Smythii.

# MISSIONEN ZUM MOND

**OBEN:** Edwin Aldrin steht neben der amerikanischen Fahne auf dem Mond. Links im Bild erkennt man noch einen Fuß des Landemoduls. Apollo 11, die erste bemannte Mondmission, startete am 16. Juli 1969 und landete am 20. Juli 1969 auf der Mondoberfläche.

### MONDMISSIONEN AUS WEITEREN LÄNDERN

1990 – Hiten, die erste japanische Mondmission, absolviert zehn Mondumkreisungen, bevor die Sonde gezielt auf der Oberfläche aufschlägt.

1997 – AsiaSat 3/HGS-1 (China) wird ursprünglich als Kommunikationssatellit gestaltet, verfehlt aber aufgrund eines Raketendefekts die geostationäre Umlaufbahn. Unter Einsatz neuester Techniken wird der Satellit zum Mond gesteuert und kann schließlich eine Umlaufbahn um die Erde erreichen. In der Folge wird er in HGS-1 umbenannt.

Mit Beginn des Raumzeitalters wurde der Erdsatellit als größter und hellster Körper am Nachthimmel zum Ziel für die USA und Sowjetunion. 1959 schlug die sowjetische Sonde Luna 2 gezielt auf der Mondoberfläche auf und war somit das erste künstliche Objekt, das auf der Oberfläche einer anderen Welt landete. Einen Monat später übermittelte die sowjetische Luna 3 die ersten Bilder von der Mondrückseite. 1962 kündigte Präsident John F. Kennedy an, dass sein Land noch vor Ende des Jahrzehnts einen Astronauten zum Mond schicken würde. Das amerikanische Mondprogramm war im „space race" zurückgefallen – 1958 hatten es drei amerikanische Able-Raumsonden nicht zum Mond geschafft. Doch im Juli 1964 dirigierten die USA ihre erste Sonde zum Mond. Vor dem Aufprall auf der Oberfläche gelangen Ranger 7 die ersten Nahaufnahmen. Weitere amerikanische und sowjetische Mondmissionen folgten und vertieften unser Verständnis vom Erdtrabanten.

# BAKTERIEN AUF DEM MOND

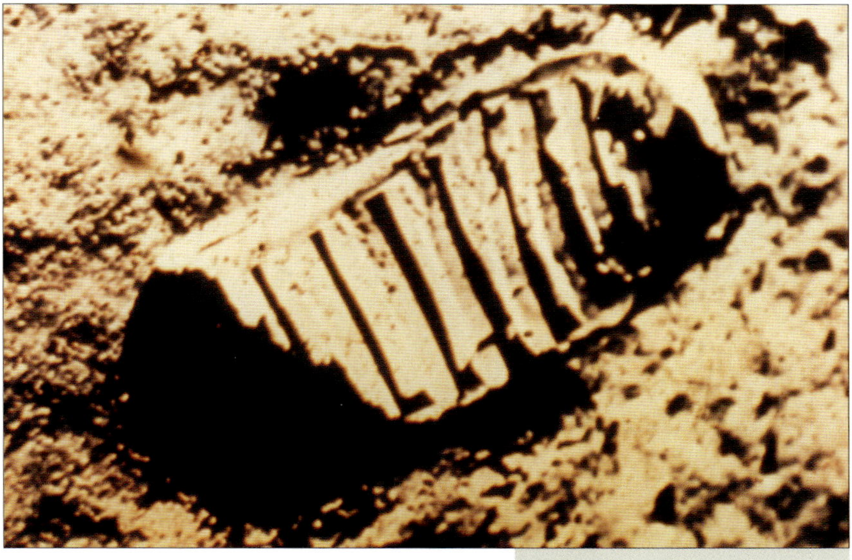

1966 war die sowjetische Sonde Luna 10 der erste künstliche Satellit des Mondes. Ihre größten Erfolge waren Entdeckung und Messung der schwachen Mondmagnetosphäre sowie die ausführliche Darstellung der Mondstrahlung. Im selben Jahr machte die amerikanische Sonde Lunar Orbiter 1 die ersten Bilder der Erde, wie man sie vom Mond aus sieht, und 1967 landete die Sonde Surveyor 3 auf der Mondoberfläche. Sie war mit einer mechanischen Schaufel für die Entnahme von Bodenproben ausgerüstet. Beim Abholen der Surveyor-3-Proben entdeckte die Mannschaft von Apollo 12 mehr als zwei Jahre später, dass Bakterien, die vor dem Start in die Sonde gelangt waren, die Zeit auf dem Mond überlebt hatten. Die folgenden Sonden wurden daraufhin vollständig sterilisiert, um die Kontaminierung des Zielorts zu vermeiden.

**OBEN:** der Fußabdruck von Neil Armstrongs erstem Schritt auf dem Mond am 20. Juli 1969.

### FRÜHE MISSIONEN

1959 – Luna 1 (UdSSR): Die meisten der russischen unbemannten Mondmissionen gehören zum Luna-Programm. 17 der 45 Luna-Missionen sind erfolgreich. Luna 1 absolviert als erstes Raumfahrzeug einen Vorbeiflug am Mond und schwenkt in eine Umlaufbahn um die Sonne ein.

1959 – Die frühen Pioneer-Missionen stellen die ersten Versuche der USA dar, zum Mond zu gelangen. Alle acht Pioneer-Missionen liefern wichtige Informationen für zukünftige Weltraumprogramme, allerdings erreicht nur Pioneer 4 sein Ziel. Als erstes amerikanisches Raumfahrzeug entkommt es der Erdschwerkraft und begibt sich in eine Umlaufbahn um die Sonne.

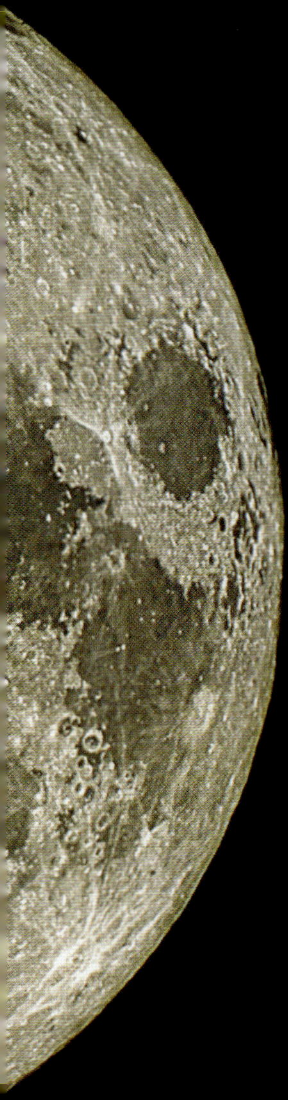

# APOLLO 11

Im Dezember 1968 schickten die Vereinigten Staaten eine bemannte Mission in eine Mondumlaufbahn. Apollo 8 war ein Vorgeschmack auf das, was noch folgen sollte. Am 16. Juli 1969 hob Apollo 11 vom Kennedy-Raumfahrtzentrum in Florida ab, an Bord befanden sich die Astronauten Edwin „Buzz" Aldrin, Neil Armstrong und Michael Collins. Das Raumfahrzeug absolvierte eineinhalb Umkreisungen der Erde und begab sich dann zum Mond. Am 20. Juli trennte sich das Mondmodul Eagle vom Kommandomodul Columbia. Michael Collins blieb auf der Columbia, während Aldrin und Armstrong im Eagle-Modul zur Mondoberfläche hinabflogen. Schätzungsweise 500 Millionen Menschen verfolgten am Fernseher gebannt, wie das Modul auf dem Mond landete und Neil Armstrong den ersten seiner beiden legendären Sätze sagte: „Der Adler (Eagle) ist gelandet." Kurz vor 21 Uhr Ortszeit im Kontrollzentrum im texanischen Houston verließ Neil Armstrong die Mondfähre, betrat die pulvrige Oberfläche, und es folgte das vielleicht berühmteste Zitat des 20. Jahrhunderts: „Dies ist ein kleiner Schritt für einen Menschen, doch ein großer Sprung für die Menschheit."

**LINKS:** optisches Bild des Vollmonds am 14. Tag des 28-tägigen Zyklus. Der Mond ist voll, wenn die erdzugewandte Seite vollständig von der Sonne beleuchtet wird. Die erdzugewandte Seite des Mondes wird von der Gravitationsanziehung der Erde gebunden. Dies bewirkt einen Mondtag von der Dauer einer Erdkumkreisung.

# DAS APOLLO-PROGRAMM

**OBEN:** Die Mondlandefähre von Apollo 11 kehrt von der Oberfläche zurück, um am Kommando- und Servicemodul im Orbit anzudocken. Im Hintergrund geht die Erde über dem Mondhorizont auf.

### PHYSIKALISCHE DATEN

**MASSE:** 7,35 x $10^{22}$ kg
(Erde: 5,97 x $10^{24}$ kg) Der Massenunterschied zwischen Mond und Erde ist weitaus größer, als dies bei anderen natürlichen Satelliten und ihren Planeten der Fall ist; eine Ausnahme bilden Pluto und sein Mond Charon.

**VOLUMEN:** 2,2 x $10^{7}$ $km^3$
(Erde: 1,1 x $10^{12}$ $km^3$) Im Vergleich mit der Erde ist der Mond so groß wie ein Tennisball neben einem Fußball.

**DICHTE:** 3,3 $g/cm^3$
(Erde: 5,5 $g/cm^3$)

Noch in den 1960er-Jahren kehrten Amerikaner zum Mond zurück. Das Mondmodul der Apollo 12 landete am 19. November 1969, jedoch an anderer Stelle als Apollo 11, nämlich im Oceanus Procellarum (Ozean der Stürme), während die erste bemannte Mondlandung im Mare Tranquillitatis (Meer der Ruhe) erfolgt war. Von beiden Missionen zur Erde zurückgebrachtes Gestein offenbarte ein unterschiedliches Entstehungsalter der beiden Mare und gab zu der Vermutung Anlass, dass sie aus Lava bestehen, die nach schweren Meteoriteneinschlägen aus dem Mantel emporgeströmt war. In den nächsten drei Jahren schickte die NASA weitere fünf Apollo-Missionen zum Mond. Die Aufsehen erregendste war Apollo 13 im April 1970, bei der ein Sauerstofftank auf dem Weg zum Mond explodierte. Die Mondlandung wurde daraufhin abgebrochen, und den Astronauten gelang die sichere Rückkehr zur Erde.

# MONDAUTOS

Apollo 14 setzte im Januar 1971 das Mondlandeprogramm fort. Das Besatzungsmitglied Alan Shepard wurde berühmt, weil er einen Golfschläger mitgenommen hatte und auf dem Mond seine Golftechnik übte. Bei der geringen Schwerkraft gelangen ihm sicher die weitesten Schläge in der Geschichte des Golfs. Auf Apollo 14 folgten drei weitere Missionen, Apollo 15, 16 und 17. Alle drei führten ein Mondauto mit, den „Mondbuggy“, der den Aktionsbereich der Astronauten erheblich erweiterte. So legte die Mannschaft der Apollo 17 in ihrem Mondauto 30 km zurück, während die Besatzungsmitglieder der Apollo 16 den Geschwindigkeitsrekord für ein Räderfahrzeug auf dem Mond halten: 18 km/h. Drei weitere Apollo-Missionen waren ursprünglich geplant, doch Apollo 18, 19 und 20 hoben nie vom Boden ab – Apollo 17 war damit die bisher letzte bemannte Mission zum Mond.

**OBEN:** das Landemodul Challenger im Taurus-Littrow-Tal auf der Mondoberfläche während der Apollo-17-Mission von 1972.

### PHYSIKALISCHE DATEN

**OBERFLÄCHENSCHWERKRAFT:** 1,6 $m/s^2$ (Erde: 9,8 $m/s^2$) Die Gravitationskräfte zwischen Erde und Mond beeinflussen die Erdmeere und bewirken zweimal täglich die Flut. Wer 100 kg auf der Erde wiegt, würde auf dem Mond 16 kg wiegen

**TEMPERATUR:** –233 bis 123 °C (Erde: –90 bis 60 °C)

# MONDPHASEN

**OBEN:** die zunehmende Mondsichel am fünften Tag des 28-tägigen Zyklus. Die Mondphasen entstehen dadurch, dass die der Erde zugewandte Seite des Mondes auf seiner Bahn in wechselndem Maß von der Sonne beleuchtet wird.

Der Mond ist in seinem Erscheinen am Nachthimmel Phasen unterworfen: Er wandelt sich vom Vollmond zur Mondsichel und ist als Neumond manchmal sogar überhaupt nicht zu sehen. Die Phasen sind durch die Stellung Sonne – Mond – Erde bestimmt und kommen dadurch zustande, dass sich der Winkel verändert, in dem die beleuchtete Seite des Mondes von der Erde aus beobachtet werden kann. Wenn also ein Stück zum vollen Mond fehlt, wird ein Teil der Mondrückseite beleuchtet, die wir aber von der Erde aus nicht sehen können. Nach 27,3 Tagen hat der Mond eine Umkreisung der Erde vollendet, kehrt in seine Ausgangsposition zurück, und der Zyklus beginnt von vorne.

# MONDZYKLUS

Der Zyklus beginnt mit dem Neumond. Zwischen Neumond und Vollmond spricht man von einem „zunehmenden Mond“, denn der von der Sonne beleuchtete Bereich der Vorderseite wird allmählich größer. Gegen Ende des ersten Zyklusviertels, wenn der Mond die Erdbahn kreuzt, wird die Hälfte seiner Vorderseite angestrahlt, und wir erkennen einen Halbmond. Nach der Hälfte des Zyklus sehen wir einen Vollmond, wenn der Mond hinter die Erde wandert, sodass seine gesamte Vorderseite beleuchtet wird. Nach einem Vollmond wiederholen sich die Phasen der ersten Zyklushälfte spiegelbildlich, denn der Mond steht auf der anderen Seite der Erde. Er nimmt jetzt ab und wird vom Vollmond zum Neumond.

**OBEN:** die einzelnen Mondphasen des 28-tägigen Zyklus, der einem Mondmonat entspricht. Die oberste Reihe zeigt die zunehmende Sichel, die nach sieben Tagen zum Halbmond wird. Während der nächsten sieben Tage nimmt er weiter zu und ist am 14. Tag zum Vollmond geworden. Danach nimmt er wieder ab und wird am 21. Tag seines Zyklus erneut zum Halbmond. Die untere Reihe zeigt die abnehmende Sichel, bis sie unten rechts zum Neumond wird.

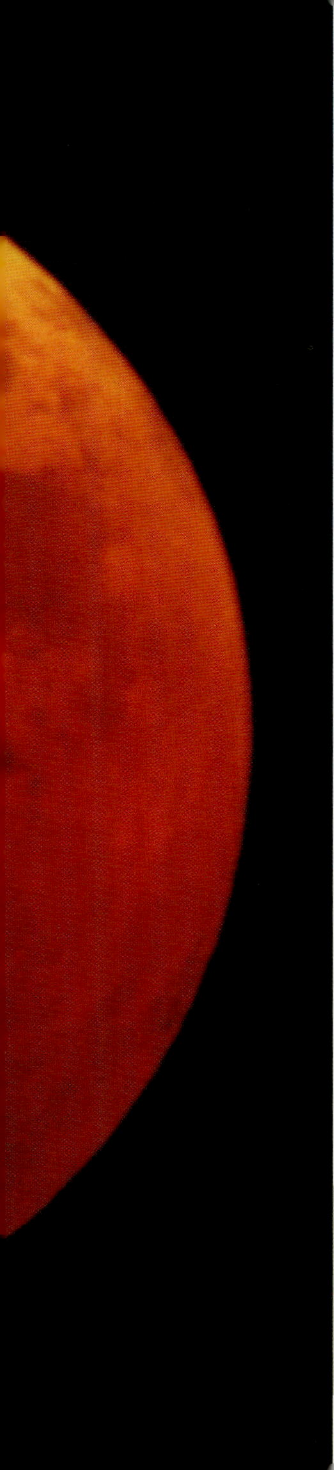



# FINSTERNISSE

Bei Neumond steht der Mond zwischen Sonne und Erde, ist jedoch nicht sichtbar, weil nur seine von der Erde aus nicht erkennbare Rückseite beleuchtet wird. Alle 27,3 Tage kommt es zum Neumond. Normalerweise bewegt sich der Mond dann unterhalb oder oberhalb der ekliptikalen Ebene, d. h. der Ebene, in der sich Erde und Sonne befinden. Manchmal jedoch kreuzt der Neumond die ekliptikale Ebene und verdeckt die Sonne. Dies nennt man eine Sonnenfinsternis. Bei Erdnähe erscheint der Mond groß am Himmel und bedeckt die gesamte Sonnenscheibe, was als totale Sonnenfinsternis bezeichnet wird. Bei Erdferne ist er jedoch zu klein, als dass er die Sonnenscheibe gänzlich verdecken könnte. Dann handelt es sich um eine annulare oder ringförmige Sonnenfinsternis, bei der die dunkle Mondscheibe von einem Sonnenring umgeben wird. Totale Sonnenfinsternisse sind übrigens gar nicht so selten, sie ereignen sich alle ein bis zwei Jahre in einer Region des Erdballs. Bis sie an derselben Stelle der Erdoberfläche erneut auftreten, vergehen aber mehrere Jahrzehnte. Wenn der Mond auf der Erdrückseite die ekliptikale Ebene kreuzt, wirft die Erde einen Schatten auf ihn – dies nennt man eine Mondfinsternis. Tritt er in den Kernschatten der Erde ein, bleibt er normalerweise noch sichtbar, weil das Sonnenlicht von der Erdatmosphäre gebeugt und auf ihn geworfen wird. Dabei nimmt er einen rötlichen Farbton an. Mondfinsternisse sind nicht ungewöhnlich, alljährlich treten mindestens zwei auf. Sie beeindrucken nicht immer mit spektakulären Farben, da die Brechung des Sonnenlichts durch Wolken oder Staub behindert werden kann und der Mond dann viel dunkler erscheint.

**LINKS:** verfinsterte Mondscheibe, Teilphase einer totalen Mondfinsternis. Bei einer Mondfinsternis tritt der Mond in den Schattenkegel der Erde ein.

**FOLGENDE DOPPELSEITE:** Mondlandschaft. Basaltgestein liegt über den Südrand des Camelot-Kraters im Taurus-Littrow-Tal verstreut.

# DER MOND FRÜHER

**OBEN:** Mondsichel mit Erdschein. Der Mond leuchtet nicht selbst, ist aber zu sehen, weil er Licht reflektiert. Die helle Mondsichel wird von der Sonne beleuchtet, während der dunkle Bereich durch den Erdschein erhellt wird.

**RECHTE SEITE:** abnehmender Mond am 19. Tag seines 28-tägigen Zyklus. Die erdzugewandte Seite des Mondes wird von der Gravitationsanziehung der Erde gebunden. Dies bewirkt einen Mondtag von der Dauer einer Erdkumkreisung.

**ZEITTAFEL**

1610 – Galileo Galilei beobachtet als Erster den Mond mit einem Fernrohr.

1835 – Die Zeitschrift „The New York Sun" veröffentlicht eine Ente über die Entdeckung von Leben auf dem Mond durch den deutsch-britischen Astronomen Friedrich Wilhelm Herschel (1738–1822). Dies löst großes Aufsehen aus.

Als größtes Objekt am Nachthimmel hat der Mond verständlicherweise seit Menschengedenken fasziniert. Aufgrund der religiösen Konnotationen schritt die wissenschaftliche Erforschung des Mondes im Lauf der Jahrhunderte nur langsam voran. Der griechische Philosoph Anaxagoras etwa landete im Kerker, als er im 5. Jahrhundert v. Chr. die Hypothese aufstellte, der Mond habe ebenso wie die anderen Himmelskörper Kugelgestalt. Sehr lange hielt man die dunklen Mondflecken für große Meere und vermutete auf dem Gestirn Leben. Nach der Erfindung des Fernrohrs im 17. Jahrhundert erwies sich der Mond als trockene, kraterbedeckte Welt, scheinbar ungeeignet für Leben oder flüssiges Wasser.

# DER MOND IN DER ZUKUNFT

Apollo 17 war die bisher letzte bemannte Mission zum Mond. Angesichts der Fülle gesammelter Daten und der Belastungen durch den Vietnamkrieg sah die amerikanische Regierung keine Möglichkeit, weitere Missionen zu finanzieren. Außerdem hatte das Apollo-Programm keine Todesopfer gefordert – selbst Apollo 13 war nach der Explosion des Tanks wohlbehalten wieder zur Erde zurückgekehrt –, sodass die NASA das Kapitel der Mondmissionen zum richtigen Zeitpunkt mit einer sauberen Bilanz abschließen konnte. Im Jahr 2004 kündigte US-Präsident George W. Bush an, dass Amerika bis 2020 zum Mond zurückkehren werde. Selbst wenn dies nicht gelingen sollte, kann man davon ausgehen, dass der Mensch erneut die Mondoberfläche betreten wird.

**ZUKÜNFTIGE MISSIONEN**

Die japanische Mondsonde LUNAR-A wird mit Penetratoren die Oberfläche erkunden und das Mondinnere mithilfe von Seismometern und Wärmeflusssensoren erforschen.

SELENE (SELenological and ENgineering Explorer) ist eine Monderkundungsmission der japanischen Raumfahrtagentur JAXA. Hauptziele sind das Sammeln von Daten bezüglich Mondursprung und -entwicklung. SELENE startet 2007.

Der Lunar Reconaissance Orbiter der NASA soll 2008 starten. Ein Hauptziel der Mission ist die Suche nach geeigneten Landestellen für die zukünftige Erkundung durch Roboter und Astronauten.

# MARS

# DER ROTE PLANET

**OBEN:** der Mars heute – ein trockener, unwirtlicher Planet. Vielleicht gab es dort einmal flüssiges Wasser, das aber im Lauf der Zeit an den Weltraum verloren ging. Ursache dafür könnten die geringe Schwerkraft des Mars, seine dünne Atmosphäre und das schwächer werdende Magnetfeld gewesen sein. Wenn einmal flüssiges Wasser auf dem Planeten existierte, hat das Leben dort möglicherweise seinen Ursprung genommen.

### PHYSIKALISCHE DATEN

**MASSE:** 6,42 x $10^{23}$ kg (Der Mars ist so schwer wie 0,107 Erdmassen.)

**VOLUMEN:** 1,6 x $10^{11}$ $km^3$ (ca. 15 % des Erdvolumens)

**TEMPERATUR:** –143 bis 17 °C (Erde: –90 bis 60 °C)

Der Mars wurde nach dem Besuch von Mariner 4 als „toter Planet" bezeichnet, denn erste Bilder von seiner Oberfläche zeigten eine staubige, mondartige, verkraterte Welt. Das Bild vom Mars änderte sich 1971, als die amerikanische Sonde Mariner 9 den Planeten erreichte und auf Supervulkane, gigantische Täler sowie Bereiche stieß, die man für alte, riesige Flutebenen hielt. Die Frage, ob der Mars tot ist, bleibt jedoch aktuell. Die Wissenschaft ist sich noch im Unklaren über die Möglichkeit von Leben, Wasser und vulkanischer Aktivität auf dem Roten Planeten. Wegen der geringen Größe und Masse des Mars ist seine Atmosphäre außergewöhnlich dünn: Ihre Dichte beträgt nur ein Hundertstel der Erdatmosphäre. Hauptbestandteil der „Marsluft" ist Kohlendioxid, das etwa 95 % der Atmosphäre ausmacht. Die restlichen 5 % setzen sich vor allem aus Argon, Stickstoff und Spuren von Sauerstoff zusammen.

# WETTERSYSTEME

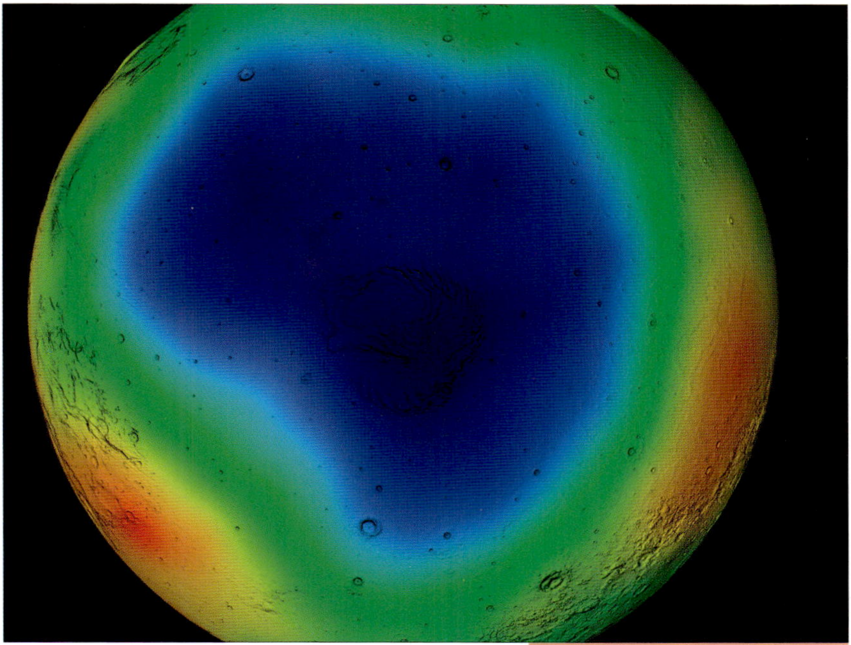

Der Mars ist ein kalter Planet, seine mittlere Oberflächentemperatur beträgt –60 °C. In den Sommermonaten steigt sie am Äquator auf 17 °C. Die niedrigen Temperaturen lassen Tiefdruckgebiete entstehen, wenn die vergleichsweiße heiße Luft aufsteigt und kalte Luft von den Polen ansaugt. Dabei entstehen Winde mit Geschwindigkeiten von mehreren hundert Stundenkilometern. Sie reißen Staubpartikel mit sich und überziehen den Planeten mit dichten, planetenweiten Staubstürmen. Von Sonden aufgenommene Farbfotografien zeigen einen rötlichen Himmel. Verursacht wird er durch eisenhaltige Staubteilchen, die von den Winden an der Oberfläche aufgepeitscht werden und in der Atmosphäre des Mars allgegenwärtig sind. Ebben die Staubstürme jedoch einmal ab, erstrahlt der Marshimmel in tiefem Blau.

**OBEN:** Eis auf der nördlichen Marshemisphäre. Während des Marssommers kann man auf der Oberfläche große Flächen gefrorenen Wassers erkennen. Im Winter wird das Eis zu großen Teilen von gefrorenem Kohlendioxid oder Trockeneis verdeckt.

**ZEITTAFEL**

1609 – Galileo Galilei beobachtet erstmals den Mars.

1672 – Christiaan Huygens beobachtet einen weißen Fleck am Marssüdpol.

1704 – Der Astronom Giacomo Filippo Maraldi (ein Neffe Cassinis) beobachtet weiße Stellen an den Polen.

1927 – Die Astronomen William Coblentz und Carl Otto Lampland messen große Temperaturunterschiede zwischen der Tag- und Nachtseite des Mars, was auf eine sehr dünne Atmosphäre hinweist.

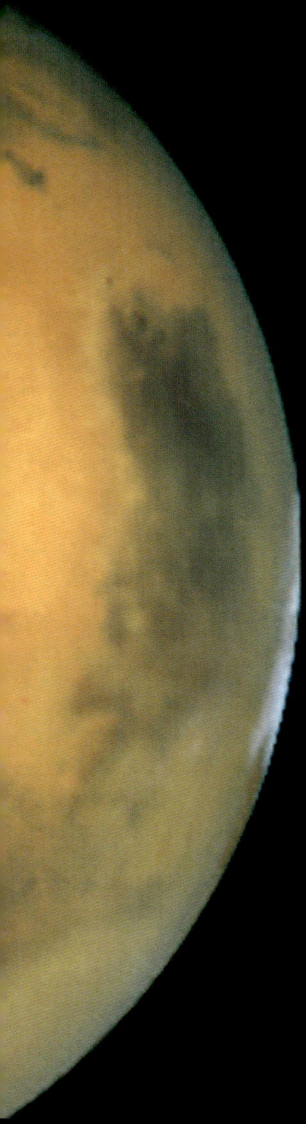



# DIE SUCHE NACH WASSER

Wasser existiert auf dem Mars als Eis und Dampf, doch flüssiges Wasser wurde bis jetzt noch nicht gefunden, weil die Oberfläche viel zu kalt ist. Oberflächenwasser tritt nur in gefrorener Form auf und beschränkt sich im Wesentlichen auf die Eiskappe des Nordpols. Beide Pole haben eine permanente Eiskappe, die das ganze Jahr über besteht und sich in den Wintermonaten ausdehnt.

Die Vorstellung von flüssigem Wasser auf dem Mars ist sehr alt, denn die Eiskappen waren bereits früh mit dem Fernrohr zu erkennen. Durch ihre Teleskope hatten Astronomen ebenfalls dunkle Linien auf der Oberfläche ausgemacht, die im 19. Jahrhundert als die berühmten Marskanäle gedeutet wurden. Mit der Ankunft von Mariner 4 im Jahr 1965 erwies sich der Planet als tot und verkratert – dies setzte der Vorstellung von der Existenz flüssigen Wassers zunächst ein Ende. Dann aber entdeckten die Viking-Sonden ein Jahrzehnt später auf der nördlichen Hemisphäre Flusstäler und Kanäle. Die Anhänger der Wassertheorie wurden in ihrer Auffassung bestärkt, als schließlich die NASA-Sonde Pathfinder 1997 auf das Mars-Tal Ares Vallis stieß, das möglicherweise durch Wasserfluten geformt wurde. Noch sieht die NASA eine nasse Marsvergangenheit nicht als eindeutig bewiesen an, doch es finden sich immer überzeugendere Indizien dafür.

**LINKS:** optisches Bild des Mars. Während in der nördlichen Hemisphäre Sommer herrscht, bedeckt eine große Eiskappe den Südpol. Zwei Staubstürme sind zu erkennen, einer oben in der Mitte und einer über dem Hellas-Becken unten rechts.

### ZEITTAFEL

1719 – Maraldi vermutet in den weißen Stellen Eiskappen.

1784 – Der britische Astronom deutscher Herkunft, Sir Friedrich Wilhelm Herschel, beobachtet jahreszeitliche Veränderungen an den Poleiskappen und vermutet, dass sie aus Schnee und Eis bestehen.

1862 – Der britische Astronom Sir Norman Lockyer spricht sich für frühere Theorien aus, die ozeanische Gebiete auf dem Mars vermuten.

# FLÜSSIGES WASSER

Angesichts der Belege für eine Vergangenheit mit flüssigem Wasser sehen sich die Wissenschaftler mit zwei Fragen konfrontiert. Die erste wäre: Wie floss das Wasser? Die Vulkane könnten durch den Ausstoß von Kohlendioxid einen Treibhauseffekt bewirkt haben. In der Folge hätte sich die Atmosphäre erwärmt, das gefrorene Wasser wäre geschmolzen und in flüssiger Form über die Planetenoberfläche geflossen. War der Planet hingegen immer so kalt, wie er heute ist, dann flossen unter einer ausgedehnten Eisdecke vielleicht Wasserozeane dahin.

Und die zweite Frage lautet: Wohin verschwand das Wasser? Jüngste Marsmissionen sollten zur Lösung des Rätsels beitragen. Es gibt mehrere Hypothesen, darunter jene, dass das Wasser in den Weltraum verdunstet oder in den heutigen Eisschilden gefroren ist. Nach einer aktuellen Theorie sind große Wassermengen in den Sanddünen eingeschlossen und „zementieren" sie, was auch erklären würde, warum die Dünen über die Jahre ihre Form behalten und heftigem Wind und Staub widerstanden haben. 2002 lieferte die NASA-Sonde Odyssey aussagekräftige Hinweise auf flüssiges Wasser auf dem Mars und konnte Indizien für gespeicherte große Wassermengen wenige Meter unter der Oberfläche sammeln. Wenn sich dies bestätigen sollte, würde die Diskussion um menschliche Siedlungen auf dem Mars in ferner Zukunft erneut entfacht. Zugleich erhielten wir klarere Hinweise darauf, wo auf dem Planeten nach Fossilien früherer Lebensformen zu suchen wäre.

**LINKS:** die trockene, felsige Marsoberfläche, aufgenommen von der Panoramakamera des Mars-Roboters Spirit. Die NASA-Wissenschaftler wählten diese Landestelle, weil in dem 145 km breiten Krater vielleicht früher ein See war.

**PHYSIKALISCHE DATEN**

**UMFANG:** 21 344 km (Erde: 40 075 km)

**DURCHMESSER:** 6796 km (Erde: 12 756 km)

**ATMOSPHÄRISCHER DRUCK:** 0,007 kg/cm² (Aufgrund des niedrigen Drucks könnte ein Mensch nicht ohne Druckanzug überleben.)

# DIE SUCHE NACH LEBEN

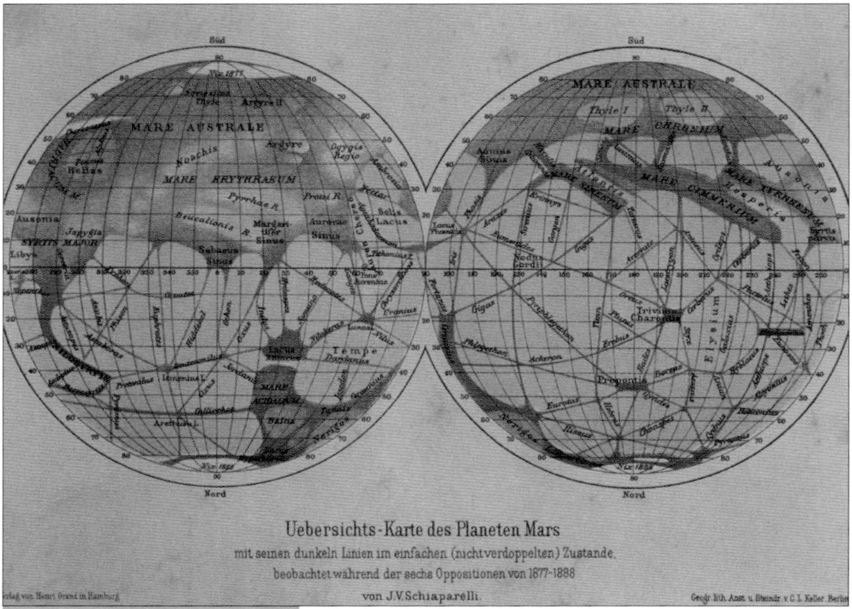


**OBEN:** historische Karte der Marsoberfläche, die der italienische Astronom Giovanni Schiaparelli zwischen 1877 und 1888 anfertigte. Schiaparelli nannte die Linien auf der Oberfläche „canali" und entdeckte ebenfalls, dass sich die Oberflächenmuster mit den Jahreszeiten ändern.

### PHYSIKALISCHE DATEN

**OBERFLÄCHENSCHWERKRAFT:** 3,7 m/s (Ein Objekt, das auf der Erde 100 kg wiegt, würde auf dem Mars 38 kg wiegen.)

**DICHTE:** 3,9 g/cm$^3$ (70 % der Erddichte)

**FLÄCHE:** 144 100 100 km$^2$ (Erde: 510 072 000 km$^2$)

Im Jahr 1877 zeichnete der italienische Astronom Giovanni Schiaparelli eine Karte anhand von Beobachtungen, die er in der Mailänder Sternwarte durch ein Teleskop gemacht hatte. Die Karte zeigt auf der Oberfläche ein Gewirr von Linien, die Schiaparelli als „canali" – italienisch für „Rinnen" oder „Furchen" – bezeichnete, oft falsch als „Kanäle" übersetzt. Daraus wurde nicht nur auf die Existenz von Wasser in der Marsvergangenheit geschlossen, sondern auch darauf, dass es dort künstliche Wasserstraßen gäbe.

Das Konzept intelligenten Lebens auf dem Mars war keineswegs neu. Den Menschen des Mittelalters galten alle Planeten als bewohnt, sogar die Sonne. Mit der Entdeckung der „canali" konzentrierte sich die Vorstellung von außerirdischem Leben jedoch auf den Roten Planeten. Die NASA entsandte mehrere Sonden. Lander-Missionen sollten nach Spuren von vergangenen Lebensformen suchen und prüfen, ob sich im Marsboden mikroskopisches Leben fand.

# EIN INDIZ FÜR LEBEN

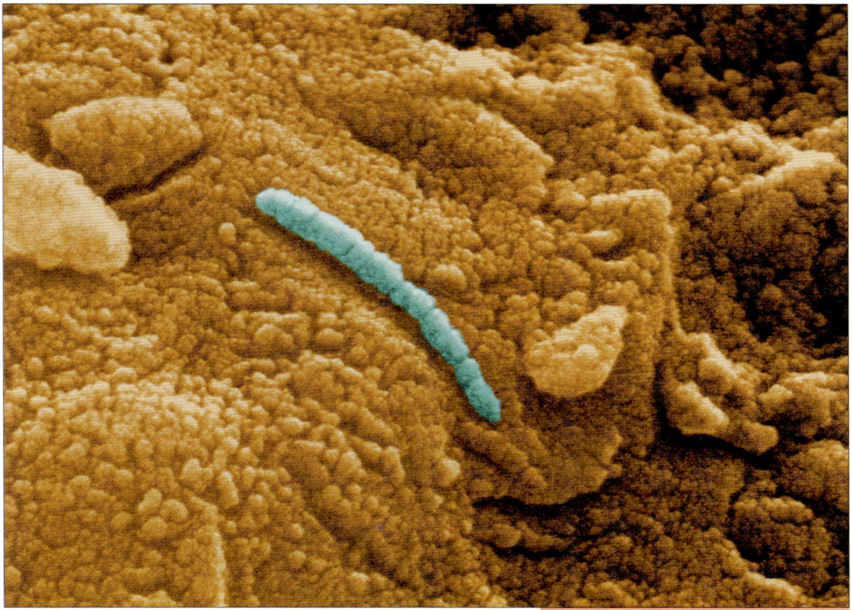

Die Debatte eskalierte 1996 mit der Freigabe der NASA-Analyse eines Marsmeteoriten. Der 4,5 Milliarden Jahre alte Meteorit ALH 84001 war 1984 in der Antarktis gefunden worden und stürzte vermutlich vor 13000 Jahren auf die Erde. Der Stein enthielt mikroskopische Gebilde, die Ähnlichkeiten mit terrestrischen Bakterien aufweisen: ein Indiz für Leben auf dem Mars. Kritiker halten sie dagegen lediglich für versteinerte terrestrische Mikroben, die den Stein nach dem Aufprall auf der Erde infiltriert hatten. Andere Wissenschaftler entgegnen dem, dass die Gebilde nur in der Steinmitte und nicht an seinen Rändern gefunden wurden, wie das bei einer späteren Infiltration zu erwarten wäre. Bald werden wir mehr wissen: Für das Jahr 2007 plant die NASA die Entsendung von Phoenix, und 2009 soll ihr Mars Science Laboratory folgen.

**OBEN:** ein farbiger SEM-Mikrograf eines röhrenartigen Gebildes auf dem vom Mars stammenden Meteoriten ALH 84001 – ein Indiz für Leben auf dem Planeten. Gebilde wie diese wurden als Mikrofossilien primitiver bakterienähnlicher Organismen gedeutet, die vor mehr als 3,6 Milliarden Jahren auf dem Mars gelebt haben. Die Gebilde sind mehr als 100-mal kleiner als der Durchmesser eines menschlichen Haares.

**ZEITTAFEL**

1698 – Huygens veröffentlicht sein Werk „Cosmotheoros“ und geht der Frage nach Leben auf dem Mars nach.

1938 – Bei der Ausstrahlung von „Krieg der Welten“ (nach H. G. Wells) halten schätzungsweise über eine Million Zuhörer die geschilderten Ereignisse für real!

# DIE MARSMONDE

**OBEN:** Phobos, der größere der beiden Marsmonde, aufgenommen von der ESA-Mission Mars Express. Phobos ist unregelmäßig geformt und misst 19 x 21 x 27 km. Der große Stickney-Krater (Mitte links) hat einen Durchmesser von 10 km.

### PHYSIKALISCHE DATEN DER MARSMONDE

**PHOBOS**

**MITTLERE ENTFERNUNG ZUM MARS:** 9377 km

**DURCHMESSER:** 21 km

**MASSE:** 1,06 x $10^{16}$ kg

**MITTLERE DICHTE:** 1,90 g/$cm^3$

**DEIMOS**

**MITTLERE ENTFERNUNG ZUM MARS:** 23 459 km

**DURCHMESSER:** 12 km

**MASSE:** 2,38 x $10^{15}$ kg

**MITTLERE DICHTE:** 2,2 g/$cm^3$

Der Mars hat zwei Monde, Phobos und Deimos. Die Namen bedeuten auf Griechisch „Furcht" und „Schrecken" und wurden aus Homers „Ilias" entlehnt. Beide Monde wurden im August 1877 von dem amerikanischen Astronomen Asaph Hall entdeckt. Höchstwahrscheinlich handelt es sich bei ihnen ursprünglich um Objekte aus dem Asteroidengürtel.

Phobos ist der größere der beiden. Er kreist um den Mars in geringerer Entfernung als jeder andere Mond um seinen Elternplaneten, was bedeutet, dass er sich immer mehr der Roche-Grenze nähert, ab der ein Mond durch die von seinem Planeten ausgeübten Gezeitenkräfte zerbricht. Wenn dies in mehreren Millionen Jahren geschieht, verwandeln sich die Trümmer von Phobos in einen Planetenring. Heute umkreist Phobos den Planeten schneller, als dieser um die eigene Achse rotiert, sodass er an einem Marstag zweimal auf- und untergeht. Deimos benötigt für eine Umkreisung gut zwei Marstage. Wie hoch diese Geschwindigkeiten sind, wird deutlich, wenn man sie mit der 28-tägigen Umlaufdauer unseres Mondes vergleicht.

# OBERFLÄCHE

Bei der Ankunft von Mariner 9 im Jahr 1971 wurde der Mars von einem Staubsturm verhüllt. Nach dessen Abebben erkannten die Wissenschaftler auf dem ersten Bild die Gipfel von vier großen Vulkanen: Olympus Mons, Arsia Mons, Pavonis Mons und Ascraeus Mons. Der Olympus Mons ist der größte Vulkan im Sonnensystem und mit einer Höhe von 27 km und einem Durchmesser von 600 km um 18 km höher und 450 km breiter als der größte Erdvulkan Mauna Loa auf Hawaii.

Wissenschaftler vermuten, dass der letzte Ausbruch des Olympus Mons 20 bis 200 Millionen Jahre zurückliegt – nach geologischen Maßstäben ist dies kein langer Zeitraum. Dabei floss nur wenig Lava hervor, was darauf hinweist, dass die vulkanische Aktivität mit dem Abkühlen des Mantels an Intensität verloren hat.

**OBEN:** Der Olympus Mons ist der größte bekannte Vulkan im Sonnensystem. Sein Gipfel ragt 27 km über die umliegenden Ebenen auf – der Mount Everest ist „nur" 8846 m hoch –, am Fuß hat er einen Durchmesser von 600 km. Die sanft geneigten Vulkanhänge gehen in Steilklippen über. Die rauen Flecken um den Vulkan herum bilden seinen Ablagerungsraum (Aureole).

# ERSTE MISSIONEN ZUM MARS

**OBEN:** die Ruell-Vallis-Rinne. Ihre Entstehung geht zurück auf ein Zeitalter, als noch flüssiges Wasser über die Planetenoberfläche floss. Die Rinne befindet sich östlich des Hellas-Beckens und ist 100 km breit.

**ZEITTAFEL**

1659 – Der niederländische Mathematiker Christiaan Huygens macht die erste Marsskizze und schätzt die Rotationsdauer auf ungefähr 24 Stunden.

1840 – Wilhelm Beer und Johann Madler erstellen eine detaillierte Marskarte.

Mariner 4, die erste erfolgreiche Mission zum Mars, startete im November 1964 nur Wochen nach dem Misserfolg von Mariner 3 und erreichte Mitte Juli 1965 ihren Zielort. Die Sonde überflog den Planeten mit großer Geschwindigkeit und konnte dabei 21 Fotografien von der Oberfläche machen. Die von Mariner 4 gemachten Bilder räumten mit dem Glauben an die Marskanäle auf. Statt Kanälen bedeckten Krater seine Oberfläche. In der Folge wurde der Mars, der mehr Ähnlichkeiten mit dem Mond als mit der Erde aufweist, als „toter Planet“ bezeichnet.

Kurz nach der Mondlandung erreichten die Sonden Mariner 6 und 7 im Sommer 1969 die Äquatorregion des Mars bzw. seinen Südpol. Auch ihre Fotos zeigten den Mars als unwirtlichen, verkraterten Planeten. Erst Mariner 9, die im November 1971 den Mars erreichte, korrigierte dieses Bild. Die Sonde konnte auf dem Planeten Supervulkane und gigantische Täler ausmachen.

# WEITERE MISSIONEN

Im Wettlauf mit den USA erkundete die UdSSR den Mars. Nachdem ihre erste Sonde Mars 1 1962 verloren gegangen war, entsandte sie 1971 mit Mars 2 und Mars 3 zwei weitere Missionen. Allerdings übermittelte der Lander von Mars 2 keine Daten an das sowjetische Kontrollzentrum, und der Lander von Mars 3 funkte einige Minuten lang nur verschwommene Bilder und undeutliche Daten, bevor er ausfiel. Auch die 1972 gestarteten Missionen Mars 4, 5, 6 und 7 missglückten. 1976 stachen die USA ihren Rivalen aus und landeten gleich zwei Sonden auf der Marsoberfläche. Viking 1 landete am 20. Juli 1976, Viking 2 dann Anfang September 1976. Ursprünglich waren die beiden Missionen für nur 90 Tage angesetzt, doch Viking 2 erkundete den Planeten fast vier Jahre lang und Viking 1 sogar mehr als sechs Jahre. Ihre Suche nach Leben erbrachte keine eindeutigen Belege, dennoch gewährten sie beispiellose Einblicke in die Marswelt.

**OBEN:** ein Bereich der Marsebene Elysium Planitia. Sie ist flach und liegt unmittelbar nördlich des Äquators. Vermutlich handelt es sich bei der einige dutzend Kilometer großen Region um ein staubbedecktes gefrorenes Meer. In der Mitte rechts und oben rechts erkennt man zwei Impaktkrater. Der Mars ist eine kalte Wüstenwelt mit einer Kohlendioxidatmosphäre. Es gibt dort kein flüssiges Wasser.

# DIE PATHFINDER-MISSION

**OBEN:** Das Roboterfahrzeug Sojourner entnimmt Proben von einem großen Felsen, der als Yogi bekannt ist. Der Roboter wurde von der Erde aus gesteuert. Das Fahrzeug wog 11 kg, war 61 cm lang und 48 cm breit. Angetrieben wurde es von Sonnenkollektoren, die ihm mehrere Stunden Bewegung am Tag gestatteten.

## PHYSIKALISCHE DATEN

**UMLAUFDAUER (LÄNGE DES JAHRES):** 687 Erdtage

**ROTATIONSDAUER (LÄNGE DES TAGES):** 24 Stunden, 38 Minuten

Erst mehr als 20 Jahre nach den Viking-Missionen entsandte die USA wieder eine erfolgreiche Sonde: Pathfinder setzte am 4. Juli 1997 im Tal Ares Vallis auf. Von den Gesteinsformationen des Mars-Tals nimmt man an, dass sie von großen Überschwemmungen geformt wurden. Pathfinder enthielt den Roboter Sojourner, der sich über die Marsoberfläche bewegte, Bodenproben entnahm und sie analysierte. Die Mission entdeckte einen Eisenkern und wies zwei unterschiedliche Wolkentypen nach: einen weißen Typus mit Wasserdampf sowie einen blauen, der wahrscheinlich Kohlendioxid enthält. Kurz nach Pathfinder startete der Orbiter Mars Global Surveyor mit dem Auftrag, die Atmosphäre zu untersuchen und die Oberfläche mithilfe einer orbitalen Kamera und extremer Nahaufnahmen zu kartieren.

# DAS MARS SURVEY PROGRAM

Das Mars Survey Program von 1998 mündete in einer Katastrophe. Die Schwestersonden Mars Climate Orbiter und Mars Polar Lander waren unabhängig voneinander im Dezember 1998 bzw. Januar 1999 gestartet. Für den Mars Polar Lander war die Landung auf der Eiskappe am Südpol vorgesehen, und er war mit der kleineren Sonde Deep Space 2 ausgerüstet, die nach Wasser suchen sollte. Doch weder der Mars Polar Lander noch Deep Space 2 meldeten sich beim Kontrollzentrum. Durch einen peinlichen Fehler ging der Mars Climate Orbiter verloren: Ein NASA-Team verwendete angloamerikanische Maßeinheiten zur Berechnung der Daten, ein anderes hingegen metrische. Daher ist der Mars Climate Orbiter wohl in einer viel zu niedrigen Umlaufbahn verglüht. So endete das 20. Jahrhundert für die NASA mit mehreren herben Rückschlägen.

**OBEN:** Wolken über dem Mars. Unten links verhüllen sie die Gipfel der drei großen Vulkane des Tharsis-Hochplateaus, ganz links den Gipfel des Olympus Mons. In der Mitte oben bedeckt eine Eiskappe den nördlichen Pol. Das Bild wurde von der Sonde Mars Global Surveyor (MGS) gemacht.

### PHYSIKALISCHE DATEN

**MITTLERE ENTFERNUNG ZUR SONNE:**
227 936 640 km (Erde zur Sonne: 150 000 000 km)

**MITTLERE BAHNGESCHWINDIGKEIT:**
24 km/s (Erde: 30 km/s)

**GERINGSTE ENTFERNUNG ZUR ERDE:**
54 510 620 km

# DAS 21. JAHRHUNDERT

Mit dem Eintreffen der japanischen Sonde Nozomi im Winter 2003/2004 sollte die Marserkundung einen neuen Höhepunkt erreichen. Ursprünglich hatte die Sonde bereits 1999 in eine Marsumlaufbahn einschwenken sollen, wurde aber geradezu vom Pech verfolgt. Nach einer Fehlfunktion im Triebwerk war sie auf eine neue Bahn um die Sonne gebracht worden, wodurch sich ihre Ankunft am Roten Planeten um vier Jahre verzögerte. 2002 wurde Nozomi dann von einem Flare beschädigt, und im Dezember 2003 konnte das Kontrollzentrum die Sonde in letzter Minute in den Weltraum lenken und so den Zusammenstoß mit dem Mars verhindern.

Nach Japan ging Europa an den Start. Die ESA entsandte 2003 den Orbiter Mars Express mit dem Landegerät Beagle 2, das nach Anzeichen für Leben suchen sollte. Es ist seit dem Ausklinken verschollen. Mars Express arbeitet hingegen heute noch erfolgreich in der Marsumlaufbahn und sucht nach unterirdischen Wasservorkommen.

Inzwischen hatte sich die NASA vom Misserfolg des Mars Survey Program erholt und entsandte am 2. Juni 2003 die Erkundungsroboter Spirit und Opportunity. Sie erreichten die Marsoberfläche und legten dort bis zu 100 m am Tag zurück. Opportunity lieferte weitere Indizien für Wasser: An der Landestelle, der Meridiani-Ebene, fanden sich Hinweise auf die Küstenlinie eines ehemaligen großen Meeres.

**LINKS:** die Columbia-Berge auf dem Mars. Das zusammengesetzte Echtfarbenbild machte der amerikanische Marserkundungsroboter Spirit im Juni 2004 aus einer Entfernung von 300 m vom Fuß der Berge.

**ZEITTAFEL**

1604 – Johannes Kepler berechnet eine elliptische Umlaufbahn für den Mars.

1666 – Der italienisch-französische Astronom Giovanni Domenico Cassini berechnet die Länge des Marstages mit 24 Stunden und 40 Minuten.

1671 – Cassini berechnet die Erde-Mars-Entfernung.

# MENSCHEN AUF DEM MARS?

Am 12. August 2005 startete die NASA den Mars Reconnaissance Orbiter. Die Sonde setzt die Suche nach ehemals vorhandenem und gegenwärtigem Wasser fort und soll zugleich als Telekommunikationsbasis für zukünftige Missionen dienen. 2007 will die NASA eine weitere Sonde zur nördlichen Eiskappe entsenden. Im Gegensatz zu Spirit und Opportunity soll Phoenix ein stationärer Lander sein. Zwei unterschiedliche Missionen werden 2009 folgen: Der ESA-Rover ExoMars wird nach Spuren von Leben suchen, das Mars Science Laboratory der NASA soll sich hingegen auf geologische Untersuchungen des Planeten konzentrieren.

US-Präsident George W. Bush kündigte 2004 an, dass die USA bis 2020 zum Mond zurückkehren werden, um eine Basisstation für eine bemannte Marsmission anzulegen. Die Astronauten würden für schnellere und umfassendere Entdeckungen benötigt, als sie Sonden möglich seien. Die Wissenschaftler sind sich allerdings noch nicht im Klaren darüber, ob Astronauten auf dem Planeten überleben würden. Die Atmosphäre oder der Staub könnte sich als zu aggressiv selbst für die besten Raumanzüge erweisen. Ein bemanntes Projekt wäre zudem äußerst kostspielig. Dass in nicht allzu ferner Zukunft ein Mensch auf dem Mars stehen wird, steht aber nahezu außer Frage.

**LINKS:** schematische Darstellung des Olympus Mons von Norden aus gesehen. Er ist der größte bekannte Vulkan im Sonnensystem. Sein Gipfel ragt 27 km über die umliegenden Ebenen auf – der Mount Everest ist 8846 m hoch. An seinem Fuß hat der Olympus Mons einen Durchmesser von 600 km. Vor dem Vulkan liegen die Hügel und Berge der Region Lycus Sulci (unebene Bereiche, Mitte).

# JUPITER

# DER GASRIESE

**OBEN:** Blick auf den Großen Roten Fleck, aufgenommen von der Sonde Voyager 2 aus einer Entfernung von 2,6 Millionen km. Am Nordrand des Großen Roten Flecks ist eine lange, schmale, weiße Wolke zu erkennen.

### PHYSIKALISCHE DATEN

**MASSE:** 1,90 x $10^{27}$ kg; der schwerste Planet unseres Sonnensystems (Erde: 5,97 x $10^{24}$ kg)

**VOLUMEN:** 1,4 x $10^{15}$ $km^3$ (Erde: 1,1 x $10^{12}$ $km^3$)

**DURCHMESSER:** 142984 km (Erde: 12756 km)

**UMFANG:** 449197 km (Erde: 40075 km)

**FLÄCHE:** 62179600 $km^2$ (Erde: 510072000 $km^2$)

Die Masse des Jupiter, des fünften Planeten in unserem Sonnensystem, ist doppelt so groß wie jene der anderen acht Planeten zusammen. Mehr als 1000-mal würde die Erde in ihn hineinpassen. Als größtes Mitglied des Sonnensystems erscheint der Jupiter heller als der hellste Stern.

Der Jupiter hat keine perfekte Kugelgestalt: Sein Äquatordurchmesser übersteigt seinen Poldurchmesser um fast 10000 km, d. h., der Planet „wölbt" sich am Äquator. Die Abplattung an den Polen wird dadurch hervorgerufen, dass der Riese mit einer Geschwindigkeit von mehr als 45000 km/h um seine eigene Achse rotiert. Damit braucht er nicht einmal zehn Stunden für eine Rotation.

# WOLKENSCHICHTEN

Der Jupiter ist der erste der vier Gasriesen. So bezeichnet man auch die iovianischen oder jupiterähnlichen Planeten. Über 80 % der Jupiteratmosphäre bestehen aus Wasserstoff, der Rest größtenteils aus Helium und Spuren von Sauerstoff, Schwefel und Stickstoff. Die drei zuvor genannten Substanzen lassen drei verschiedene Wolkenschichten entstehen. Die oberste Schicht besteht aus Ammoniak und ist leuchtend bunt, und in der mittleren Schicht geben Ammoniumhydrogensulfidkristalle dem Jupiter einen dunkelroten Farbton. Die untere bläuliche Schicht besteht aus Wasser, das angesichts von Temperaturen deutlich unter 0 °C wahrscheinlich gefroren ist.

**OBEN**: Voyager-1-Bild des Jupiter mit weißen Ovalen.

**ZEITTAFEL**

364 v. Chr. – Der chinesische Astronom Gan De beobachtet einen Körper, den man heute für den Mond Ganymed hält – 1974 Jahre vor Galileo Galilei.

1664 – Der britische Chemiker und Physiker Robert Hooke entdeckt den Großen Roten Fleck.

1665 – Giovanni Domenico Cassini bestimmt die Rotationszeit des Jupiter.

# DER GROSSE ROTE FLECK

Der Große Rote Fleck ist das auffälligste Strukturmerkmal des Planeten. Es handelt sich um einen riesigen Wirbelsturm, der gegen den Uhrzeigersinn über einen Bereich von 24 000 km Länge und 12 000 km Breite fegt. Dieses riesige Hochdruckgebiet hat einen doppelt so großen Durchmesser wie die Erde. Der englische Naturforscher Robert Hooke (1635–1703) beobachtete das Phänomen erstmals 1664, der Sturm dauert also seit mindestens 350 Jahren an. Die rote Farbe stammt vom Phosphor, der sichtbar wird, wenn vom Sturm aufgewirbelte Gase mit dem Sonnenlicht reagieren. Nicht nur seine Farbe macht den Großen Roten Fleck so unverkennbar, er überragt die umliegenden Wolken an ihrem oberen Rand auch um mindestens 8 km. Orkane auf der Erde schwächen sich über dem Festland wegen der entstehenden Reibung ab, doch der Jupiter besitzt keine feste Oberfläche, die den Sturm durch Reibung abebben lassen könnte. Zudem scheint sich der Sturm aus der Hitze des Jupiter zu speisen, nicht aus der der Sonne. Damit gibt es keinen offensichtlichen Grund für den Sturm, schwächer zu werden. Dennoch ist der Große Rote Fleck in den letzten 100 Jahren kleiner geworden, was vermuten lässt, dass er eines Tages vielleicht vollständig verschwindet.

**LINKS:** der Jupiter, aufgenommen von der Sonde Cassini. Die äußere Jupiterschicht besteht aus den Gasen Wasserstoff und Helium sowie etwas Wasser, Kohlendioxid, Methan und anderen einfachen Molekülen. Stürme formen farbige Wolkenbänder in der Atmosphäre: Die hellen bilden die so genannten Zonen, die dunklen die Gürtel. Der Große Rote Fleck (Mitte unten) ist von der Erde seit mehr als 300 Jahren sichtbar.

### PHYSIKALISCHE DATEN

**GERINGSTE ENTFERNUNG ZUR ERDE:** 591 000 000 km

**MITTLERE ENTFERNUNG ZUR SONNE:** 778 412 020 km

**MITTLERE BAHNGESCHWINDIGKEIT:** 13 km/s (Erde: 30 km/s)

**UMLAUFDAUER (LÄNGE DES JAHRES):** 4330 Erdtage (11,9 Erdjahre)

**ROTATIONSDAUER (LÄNGE DES TAGES):** 9 Stunden, 55 Minuten

# ATMOSPHÄRE UND INNERES

**OBEN:** Farbaufnahme von Wolkenbändern in der Äquatorregion der Jupiteratmosphäre. Die Farben entsprechen ungefähr den natürlichen Farbtönen. Die Farbe der Wolken hängt von der genauen Zusammensetzung der in ihnen enthaltenen Stoffe ab. Heftige Wirbelstürme in der Atmosphäre zerfasern die Wolken zu feinen Fäden und Strudeln. Mit Beobachtungen auf diesen Frequenzen lassen sich Erkenntnisse über Zusammensetzung und Höhe der Wolken gewinnen.

Die Atmosphäre unterteilt sich in Gürtel und Zonen. Hervorgerufen werden sie von in entgegengesetzte Richtungen wehenden, heftigen Winden. In einer Zone fegt der Wind von Ost nach West, dort sinken die Wolken. Das Gegenteil tritt in einem Gürtel auf: Der Wind bläst dort von West nach Ost, die Wolken steigen auf. Durch die hohen Windgeschwindigkeiten erscheinen Zonen und Gürtel deutlich gegeneinander abgegrenzt. Ebenso wie die anderen Gasriesen besteht der Jupiter nicht aus Gestein wie die Erde und die anderen terrestrischen Planeten. Stattdessen setzt sich sein Inneres hauptsächlich aus Wasserstoff und Helium zusammen. Der Druck unter der Wolkendecke ist so hoch, dass beide Elemente in flüssiger Form vorkommen. Weiter im Inneren, wo Druck und Wärme immer weiter ansteigen, nimmt der flüssige Wasserstoff die Eigenschaften von Metallen an, deren Elektronen sich frei bewegen und elektrische Ladungen zwischen Atomkernen übertragen können. Unter der Schicht aus metallischem Wasserstoff wird ein relativ kleiner Eisen- und Gesteinskern vermutet.

# SHOEMAKER-LEVY 9

Im März 1993 entdeckten Eugene und Carolyn Shoemaker gemeinsam mit David Levy ihren neunten Kometen. Shoemaker-Levy 9 war der erste bekannte Komet, der um einen Planeten und nicht um die Sonne kreiste. Im Mai 1993 erkannte man, dass sich der zersplitterte Komet auf Kollisionskurs mit dem Planeten befand. Der Zusammenstoß zweier so großer Objekte faszinierte Astronomen und Öffentlichkeit. Der Aufprall fand zwischen dem 16. und 22. Juli 1994 auf der Rückseite des Jupiter statt und konnte zur Enttäuschung der Astronomen von der Erde aus nicht beobachtet werden. Glücklicherweise befand sich die Sonde Galileo gerade auf dem Weg zum Planeten und konnte das Ereignis aufnehmen. Der Einschlag ließ seismische Wellen durch den Jupiter jagen und riesige Feuersäulen aus seinem Inneren aufsteigen, die den Wissenschaftlern einen kleinen Eindruck von den Strukturen unterhalb der Wolken vermittelten. Noch Monate später waren an den Einschlagstellen große dunkle Stellen zu erkennen, intensiver noch als der Große Rote Fleck. Die Episode unterstreicht, welche wichtige Rolle der Jupiter für die inneren Planeten spielt, indem er ihnen dank seiner Gravitationsanziehung viele Kometeneinschläge erspart – er hat also Anteil an der Entwicklung von Leben auf der Erde.

**OBEN:** Voyager-1-Bild von Wolken in der Jupiteratmosphäre unmittelbar südöstlich des Großen Roten Flecks. Unterschiede in der Wolkenfarbe ergeben sich aus der jeweiligen Höhe der Wolkenschicht.

## PHYSIKALISCHE DATEN

**OBERFLÄCHENSCHWERKRAFT:** 20,9 m/s (Wer auf der Erde 100 kg wiegt, würde auf dem Jupiter 214 kg wiegen.)

**DICHTE:** 1,3 g/cm³ (Erde: 5,5 g/cm³)

**ATMOSPHÄRISCHER DRUCK:** Variiert je nach Tiefe (Der Druck im Jupiterinneren kann 30 Millionen Mal stärker sein als der Druck an der Oberfläche der Erde.)

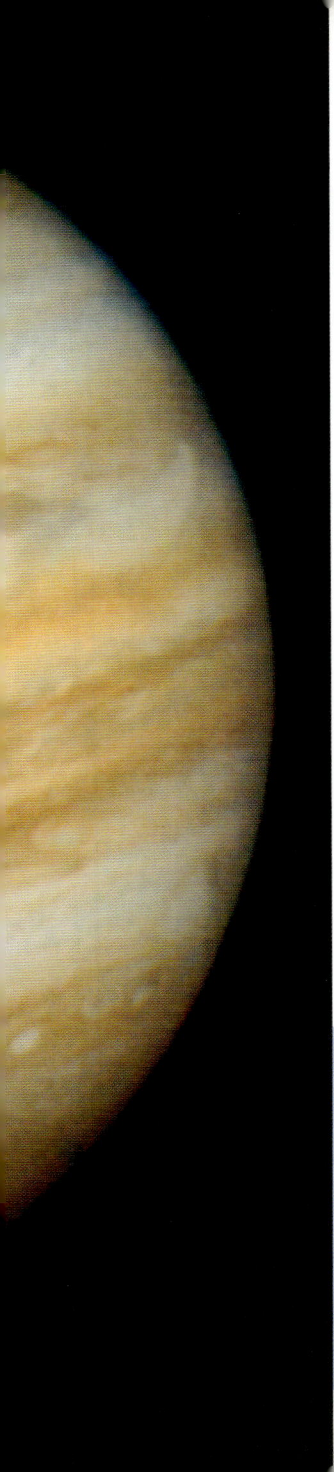



# MAGNETOSPHÄRE

Eine Magnetosphäre ist der Bereich rund um einen Planeten, der von dessen Magnetfeld dominiert wird. Eine Schicht aus metallischem Wasserstoff im Jupiterinneren ist für seine Magnetosphäre verantwortlich. Sie ist nicht nur größer als jene der anderen Planeten, sondern das größte Objekt überhaupt im Sonnensystem und sogar größer als die Sonne – allerdings umfasst deren Magnetosphäre das gesamte Sonnensystem. Könnte man die Jupitermagnetosphäre mit bloßem Auge von der Erde aus am Himmel sehen, wäre sie größer als der Mond. Sie ist so gewaltig, dass ihr Schweif sich bis jenseits der Saturnbahn erstreckt, und das bedeutet, dass sich der Saturn zeitweilig immer wieder innerhalb der Jupitermagnetosphäre befindet.

1979 entdeckte die Raumsonde Voyager 1 die Jupiterringe. Sie sind viel dunkler als jene des Nachbarplaneten Saturn, was auch erklärt, warum sie von der Erde aus nicht entdeckt werden konnten. Der schwache, wolkenartige innere Ring wurde Haloring genannt. Der auf ihn folgende Hauptring ist über 6000 km breit, aber nur 30 km dick, was ihm ein zusammengepresstes Aussehen gibt. Nach ihrem Eintreffen am Jupiter entdeckte die Sonde Galileo den äußeren Gossamer-Ring, der sich in zwei Abschnitte untergliedert und bis zu den Umlaufbahnen der Jupitersatelliten Thebe und Amalthea erstreckt.

**LINKS:** Voyager-1-Bild von Jupiter und Ganymed, aufgenommen aus einer Entfernung von 40 Millionen km.

### JUPITERMISSIONEN

**1977 VOYAGER 2:** Voyager 2 absolviert eine Bildungsreise durch das Sonnensystem und fliegt an Jupiter, Saturn, Uranus und Neptun vorbei. Sie liefert zahlreiche Aufnahmen vom Jupiter und seinen vier größten Monden.

**1977 VOYAGER 1:** Die Sonde folgt Voyager 2 innerhalb von 16 Tagen in den Weltraum, erreicht den Jupiter aber vier Monate früher. Voyager 1 misst die Geschwindigkeiten der Winde und Turbulenzen in der Jupiteratmosphäre und übermittelt verblüffende Aufnahmen der vier größten Monde. Die Sonde setzt ihre Reise in Richtung des interstellaren Raumes fort und befindet sich in größerer Entfernung von der Erde als jede andere Sonde.

# DIE JUPITERMONDE

**OBEN:** Galileo-Bild von zwei Vulkanausbrüchen auf dem Jupitermond Io. Links erscheint als grauer Fleck eine 120 km hohe Rauchfahne am Vulkan Pillan Patera. Am Vulkan Prometheus in der Mitte erkennt man ebenfalls eine Rauchfahne (grau) und ihren Schatten (schwarz).

**PHYSIKALISCHE DATEN DER GALILEISCHEN MONDE**

**GANYMED**

**DICHTE:** 1,94 g/cm³

**ATMOSPHÄRE:** dünn, schwach sauerstoffhaltig

**OBERFLÄCHE:** Berge, Täler, Krater

**IO**

**DICHTE:** 3,55 g/cm³

**ATMOSPHÄRE:** Schwefeldioxid

**OBERFLÄCHE:** der vulkanisch aktivste Körper im Sonnensystem

1610 entdeckte Galileo Galilei vier Monde, die später nach den Geliebten und dem Mundschenk des antiken Gottes Jupiter benannt wurden: Europa, Io, Callisto und Ganymed. Erst 282 Jahre später entdeckte man 1892 den fünften Mond Amalthea. Heute kennen wir dank der Galileo-Mission insgesamt 63 Monde. Am interessantesten sind jedoch immer noch die vier Galileischen Monde.

Der dem Jupiter nächste Galileische Mond Io ist zugleich der vulkanisch aktivste Körper im Sonnensystem. Die ungewöhnliche geologische Aktivität des Mondes wird durch die Gezeitenkräfte von Jupiter, Europa und Ganymed hervorgerufen. Callisto ist am weitesten vom Jupiter entfernt und bedeutend kälter. Wegen der fehlenden Hitze im Inneren erfuhr seine Oberfläche nach den Einschlägen von Weltraumtrümmern keine Umformung mehr und ist die am stärksten verkraterte Landschaft im Sonnensystem.

# DIE GALILEISCHEN MONDE

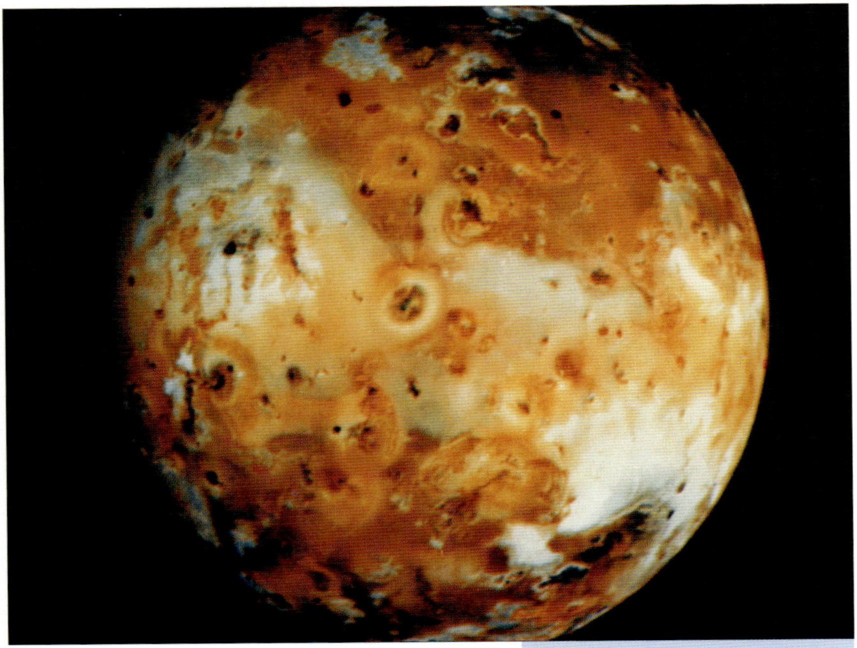

Wie Callisto hat auch Ganymed dicke Eisdecken an der Oberfläche, präsentiert sich jedoch bei weitem nicht so gleichförmig wie Callisto. Irgendwann war Ganymed wahrscheinlich einer erdähnlichen Plattentektonik ausgesetzt, da unterschiedliche Oberflächenbereiche unterschiedlich alt sind. Neben Hochländern gibt es sehr alte Bereiche, die ähnliche Einschlagkrater wie Callisto besitzen. Ganymed ist der größte Mond im Sonnensystem, verfügt über eine eigene Magnetosphäre – ungewöhnlich für einen Mond – und ist größer als Merkur und Pluto. Besonders aufregend ist der Mond Europa, denn er zählt zu den Orten im Sonnensystem, wo die Möglichkeit extraterrestrischen Lebens besteht. Die deutlich sichtbaren Streifen auf seiner eisigen Oberfläche ähneln Eismustern in den Salzwassermeeren der Erde.

**OBEN:** der Jupitersatellit Io. Die kreisförmigen Objekte mit dunkler Stelle in der Mitte sind aktive Vulkane, etwa der Fleck im Bildzentrum. Io kennt mindestens zwei Arten vulkanischer Aktivität: explosive Ausbrüche, bei denen Material bis in eine Höhe von 250 km geschleudert wird, sowie ausströmende Lava.

### PHYSIKALISCHE DATEN DER GALILEISCHEN MONDE

**EUROPA**

**DICHTE:** 3,01 g/cm$^3$

**ATMOSPHÄRE:** Sauerstoff

**OBERFLÄCHE:** kraterlos

**CALLISTO**

**DICHTE:** 1,86 g/cm$^3$

**ATMOSPHÄRE:** Kohlendioxid

**OBERFLÄCHE:** mit Kratern übersät

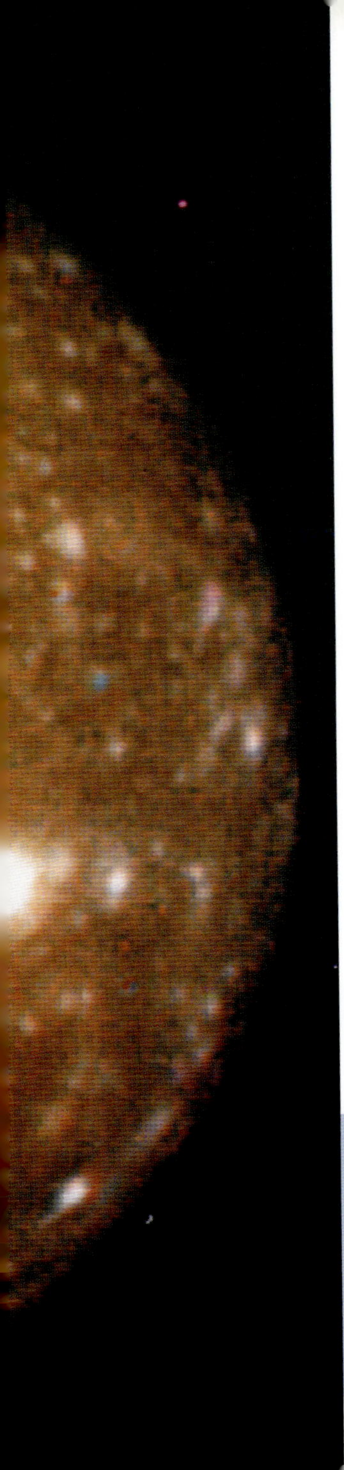

# WEITERE MONDE

Die Jupitersatelliten ordnen sich in Haufen an und lassen sich in sechs Gruppen einteilen, einschließlich der Galileischen Monde. Jede Gruppe ist nach ihrem größten Objekt benannt. Die Monde innerhalb jeder Gruppe besitzen ähnliche Orbitalradien und haben wohl einen gemeinsamen Ursprung.

Die Amalthea-Gruppe besteht aus Monden, die sich näher am Jupiter befinden als die Galileischen Monde und einen Orbitalradius von weniger als 200 000 km besitzen. Neben Amalthea umfasst die Gruppe den jupiternächsten Satelliten Metis sowie Adrastea und Thebe. Alle drei wurden erst 1979 von den Voyager-Sonden entdeckt.

Die nächste Gruppe bilden die Galileischen Monde. Ihr innerster Satellit Io umkreist den Jupiter in einer Entfernung von 420 000 km, während der äußerste Trabant Callisto einen Orbitalradius von 1,9 Millionen km besitzt.

Die übrigen vier Gruppen sind weiter entfernt. Leda, der erste Mond der Himalia-Gruppe, befindet sich 9 Millionen km jenseits von Callisto. Die Ananke-Gruppe umfasst wie die Carme-Gruppe 17 Monde, von denen jeder eine Orbitalneigung von nahezu 165° aufweist. Die äußerste Gruppe wird Pasiphae genannt und ist, anders als die inneren Gruppen, nicht in Haufen angeordnet. Lange galt Sinope als das äußerste Mitglied der Gruppe und somit als äußerster Jupitermond, aber inzwischen hat man in noch größerer Entfernung drei weitere Trabanten entdeckt.

**LINKS:** computerbearbeitete Aufnahme von Callisto, dem vierten und am weitesten entfernten Galileischen Mond. Das Bild machte Voyager 2 aus einer Entfernung von 2,3 Millionen km. An der windstillen Oberfläche herrschen Temperaturen von maximal –130 °C. Vermutlich besitzt der Mond einen großen Gesteinskern und eine Kruste aus Wasser, Eis und Gestein. Die einzigen auffälligen Merkmale sind zahlreiche, durch Meteoriteneinschläge entstandene Impaktkrater sowie mehrere helle konzentrische Ringsysteme.

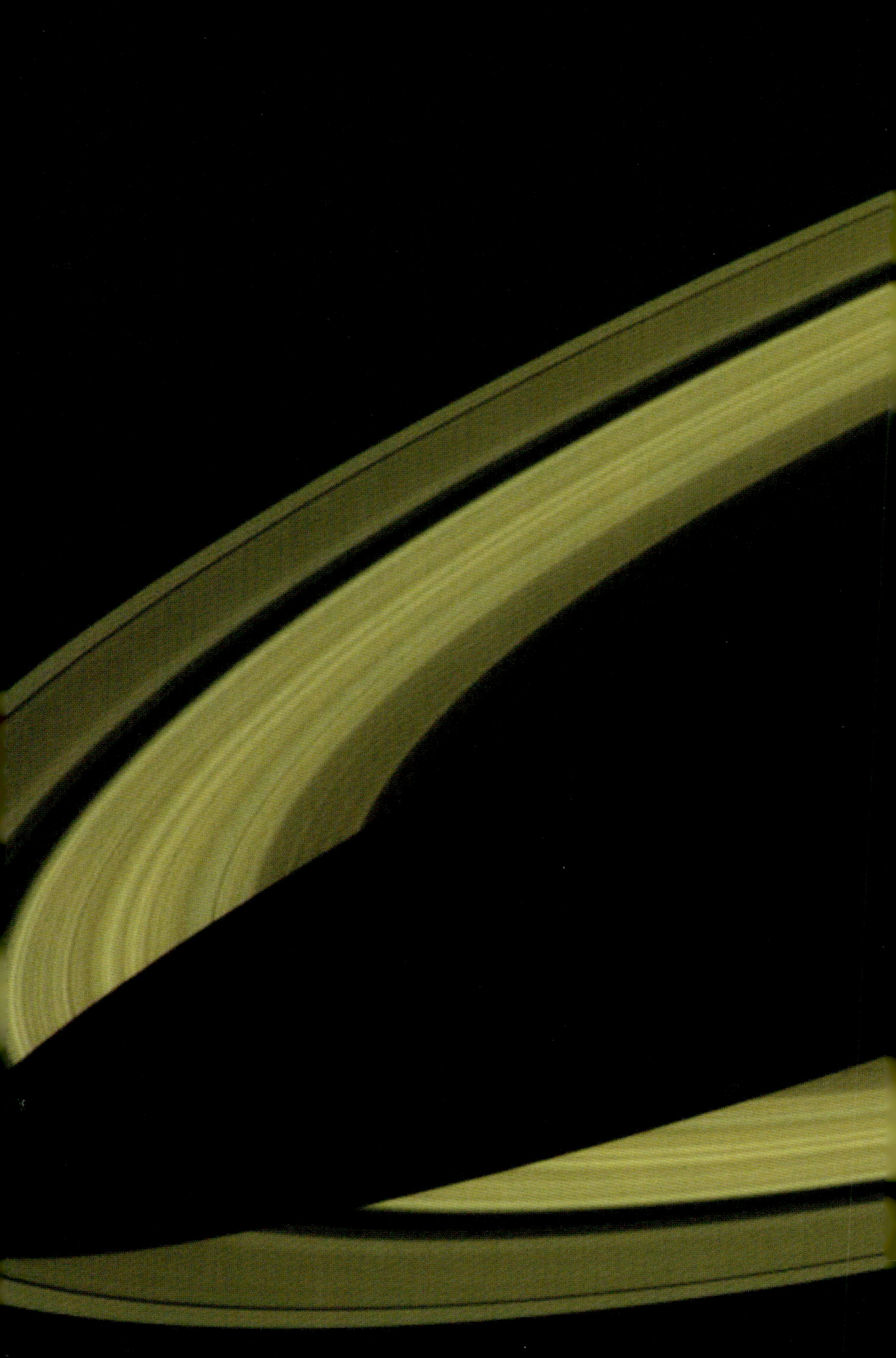

# SATURN

# DER SCHÖNE PLANET

**OBEN:** Polarlicht am Saturnsüdpol. Polarlicht wird hervorgerufen durch Wechselwirkungen zwischen dem Sonnenwind und der Atmosphäre eines Planeten. Geladene Teilchen stoßen mit leichten Gasen in der Atmosphäre zusammen und regen sie zum Leuchten an.

### PHYSIKALISCHE DATEN

**GERINGSTE ENTFERNUNG ZUR ERDE:**
1 277 400 000 km

**MITTLERE ENTFERNUNG ZUR SONNE:**
1 426 725 400 km
(Erde: 150 000 000 km)

**MITTLERE BAHNGESCHWINDIGKEIT:**
10 km/s (Erde: 30 km/s)

Der Saturn ist der zweitgrößte Planet im Sonnensystem und galt bis zur Entdeckung des Uranus 1781 als der äußerste bekannte Planet. Er ist der am weitesten entfernte Planet, der mit bloßem Auge noch sichtbar ist. Ist der Saturn nicht von anderen Sternen umgeben, erstrahlt er auffallend hell und bietet selbst durch das Amateurteleskop einen unvergesslichen Anblick, vor allem wenn er seine Ringe der Erde zuwendet. Seine gelbliche Scheibe schmücken Wolkenbänder, die zarter sind als die des Jupiter. Bei den Griechen hieß der Planet Kronos. Diesem entspricht im römischen Mythos der Gott Saturn, und so wurde der Planet von den Römern umbenannt. Kronos war der Vater von Zeus, den die Römer Jupiter nannten.

# ROTATION

Für eine vollständige Umkreisung der Sonne benötigt der Saturn 29,4 Erdjahre. Damit ist sein Jahr fast dreimal länger als das Jupiterjahr. In nur gut zehn Stunden rotiert er einmal um seine Achse, da er fast gänzlich aus Flüssigkeiten und Gasen besteht, die sich schneller um die Achse bewegen, als feste Körper das können. Wie der Jupiter flacht er sich durch die rasche Rotation an den Polen ab und wölbt sich dafür am Äquator: Sein Äquatordurchmesser wird auf 121 000 km geschätzt, der Abstand zwischen den Polen beträgt etwa 108 000 km. Der Saturn hat von allen Planeten im Sonnensystem die geringste Dichte, noch geringer als jene von Wasser. Tatsächlich würde der Gasriese auf Wasser schwimmen – fände sich nur ein ausreichend großer Ozean.

**OBEN:** dunstige Titanatmosphäre. Die Abbildung zeigt die Nachtseite des Saturnmonds mit einem schwachen Lichtschimmer an seinem sichtbaren Rand. Darüber liegen Dunstschichten, die das Sonnenlicht reflektieren.

### PHYSIKALISCHE DATEN

**UMLAUFDAUER:** 10 756 Erdtage (29,5 Erdjahre)

**ROTATIONSDAUER:** 10 Stunden 40 Minuten

**OBERFLÄCHENSCHWERKRAFT:** 7,2 $m/s^2$ (Wer auf der Erde 100 kg wiegt, würde auf dem Saturn 74 kg wiegen.)

**DICHTE:** 0,7 $g/cm^3$ (Etwa ein Achtel der Erddichte und etwa zwei Drittel der Dichte von Wasser.)

# ATMOSPHÄRE

Die Saturnatmosphäre hat wohl einen ähnlichen Aufbau wie die des Jupiter und besteht hauptsächlich aus Wasserstoff mit einer signifikanten Menge Helium – etwa 5 % – sowie Spuren von Ammoniak und Kohlenwasserstoffen, darunter Äthan und Acetylen. Sie enthält wahrscheinlich mehr Schwefel als die Jupiteratmosphäre, was den gelblichen Farbton erklären würde. Die vermutlich drei Wolkenschichten ähneln denen des Jupiter: Eine Schicht Ammoniakwolken in den oberen Bereichen der Atmosphäre, darunter Ammoniumhydrogensulfidwolken und schließlich eine Schicht Wasserwolken. Die Wolkenschichten entstehen durch die unterschiedlichen Temperaturen, bei denen die Moleküle jeweils kondensieren. Im Inneren der Wolkenhülle steigen die Temperaturen mit zunehmender Tiefe an, was auf eine innere Wärmequelle schließen lässt. Die Achse des Planeten ist um etwa 27° gegen seine Bahnebene geneigt. Damit kennt er der Erde vergleichbare Jahreszeiten. Wie beim Jupiter zeigen sich bänderartige, aber weniger auffällige Zonen und Gürtel. Der Grund dafür sind heftige Winde, die mit bis zu 500 m/s über den Saturn fegen und die Luft jeweils an einer Seite in einen Gürtel und an der anderen in eine Zone hineinpressen. Dies verleiht der Planetenscheibe ihr gestreiftes Aussehen.

Am Äquator der Saturnatmosphäre wurde 1990 ein großer weißer Fleck ausgemacht. Vermutlich handelt es sich um einen Sturm, der von Konvektionsströmungen aus dem Planeteninneren verursacht wird. Sie befördern Wasser, Ammoniak und andere Moleküle an die obere, gelblich gefärbte Wolkengrenze, wo die Stoffe unter den viel niedrigeren Temperaturen vereisen und weißliche Wolken bilden. Der Weiße Fleck ist kein neues Phänomen: Er wurde in den letzten 125 Jahren bereits zweimal beobachtet und kehrt ungefähr alle 57 Jahre wieder. Da diese Zeitdauer fast zwei Saturnjahren entspricht, könnte es sich um ein periodisches Phänomen handeln.

**LINKS:** Aufnahme des Hubble-Weltraumteleskops vom Saturn. Man erkennt die Ringe und zwei seiner Monde. Hier wird der Planet aus einem schrägen Winkel betrachtet, seine Ringe hingegen fast von vorne, sie erscheinen dadurch als flaches ringförmiges Band. Die Ringe bestehen aus vereisten Gesteinsbrocken, die den Saturnäquator umkreisen.

**PHYSIKALISCHE DATEN**

**DURCHMESSER:** 120 536 km (Etwa 10-mal größer als jener der Erde)

**UMFANG:** 378 675 km (Erde: 40 075 km)

**FLÄCHE:** 43 466 000 000 $km^2$ (Erde: 510 072 000 $km^2$)

**MASSE:** 5,69 x $10^{26}$ kg (Der Saturn ist etwa 95-mal so massereich wie die Erde.)

**VOLUMEN:** 8,3 x $10^{14}$ $km^3$ (Das Saturnvolumen ist 755-mal größer als das Erdvolumen.)

# DAS INNERE

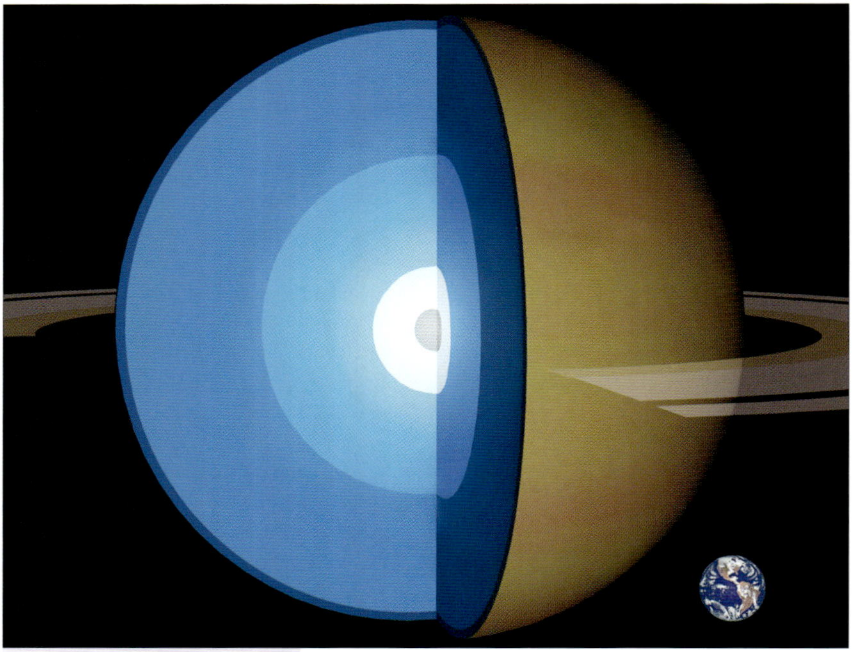

**OBEN:** schematisches Schnittbild vom inneren Aufbau des Planeten. Die Erde ist unten rechts maßstäblich dargestellt. Der Saturn wird als Gasriese bezeichnet.

### PHYSIKALISCHE STRUKTUR

Kern aus festem Gestein und Eis

Schicht aus metallischem flüssigen Wasserstoff

Schicht aus flüssigem Wasserstoff

Gasförmige Atmosphäre

Das Ringsystem besteht aus Millionen kleiner Eis- und Gesteinsbrocken.

Das Saturninnere ähnelt wohl dem des Jupiter. Wegen des ansteigenden Druckes kondensiert der atmosphärische Wasserstoff in der Tiefe zunächst zu einer Flüssigkeit und nimmt danach einen metallischen Zustand an, in dem Elektronen sich frei zwischen verschiedenen Kernen hin und her bewegen und elektrische Ladungen übertragen. Wird die Schicht aus elektrisch geladenem metallischem Wasserstoff infolge der raschen Rotation aufgewühlt, entsteht eine Magnetosphäre. Jene des Saturn ist die zweitgrößte im Sonnensystem und wird nur von der des Jupiter übertroffen, was darauf hinweist, dass dieser eine dickere Schicht aus metallischem Wasserstoff besitzt. Der metallische Wasserstoff umgibt einen felsigen Kern, der – nach dem vergleichsweise geringen Druck in der Mitte des Saturn zu schließen – wahrscheinlich größer ist als jener des Jupiter.

# DIE RINGE

Eine der größten Attraktionen des Sonnensystems stellen die Ringe des Saturn dar. Sie machen ihn zum faszinierendsten unter unseren Planeten und lassen sich normalerweise durch ein Amateurfernrohr beobachten, sofern sie im richtigen Winkel stehen. Die Ringe in der Äquatorebene des Saturn sind wie diese um 27° gegen die Bahnebene geneigt. Folglich blickt ein Betrachter auf der Erde zu bestimmten Zeiten genau auf die Ringkante, die zu dünn ist, als dass sie sich dann ausmachen ließe. Galileo Galilei entdeckte die Ringe, als er den Planeten 1610 erstmals durch ein Fernrohr betrachtete. Er ahnte nicht, was er da sah. Die Ringe nannte Galilei die „Ohren" des Saturn, und er erklärte, sie könnten hoch aufragende Bergketten auf beiden Seiten des Planeten sein oder auch zwei weitere kleinere Planeten. Erst 1655, mehrere Jahrzehnte nach Galileis erster Beobachtung, erkannte der niederländische Astronom Christiaan Huygens (1629–1695), dass die „Saturnohren" in Wirklichkeit Ringe waren.

**OBEN:** Echtfarbenbild eines Ringabschnitts. Man erkennt den B-Ring, den äußersten der Innenringe. Die Saturnringe bestehen vor allem aus Wassereispartikeln, deren Durchmesser zwischen einigen Zentimetern und mehreren Metern variiert.

| RINGNAME | BREITE |
| --- | --- |
| D | 8500 km |
| C | 17 500 km |
| B | 25 500 km |
| Cassinische Teilung | 4700 km |
| A | 14 600 km |
| F | 30 km–500 km |
| G | 8000 km |
| E | 300 000 km |

# ENTSTEHUNG DER RINGE

**OBEN:** Saturn mit seinen Monden Tethys und Dione. Die drei hellen Ringe und Tethys werfen Schatten auf die Wolkenoberseiten. Die breite Lücke in den Ringen ist die cassinische Teilung, die den schmalen A-Ring vom breiten B-Ring trennt. Die schmale Lücke nahe der Oberkante des A-Ringes ist die enckesche Teilung, jenseits von ihr befindet sich der schwache, schmale C-Ring.

**ZEITTAFEL**

1610 – Galileo Galilei beobachtet erstmals die Saturnringe. Er nannte sie „Ohren" des Saturn und hielt sie für hoch aufragende Bergketten oder auch zwei kleinere Planeten.

Man vermutet in ihnen die Überreste eines Mondes, der sich dem Planeten zu sehr angenähert hatte und von den Gezeitenkräften zerrissen wurde. Der kritische Grenzwert wird Roche-Grenze genannt und wurde 1849 von dem französischen Astronomen Édouard Roche (1820–1883) anhand der Saturnringe berechnet. Nach einer anderen Theorie enthalten sie Trümmer, die bei der Entstehung des Planeten übrig blieben, und ein dritter Vorschlag besagt, dass sie von einem gewaltigen Meteoriteneinschlag auf dem Saturn oder einem seiner Satelliten stammen. Alle Ringe befinden sich jedoch innerhalb der Roche-Grenze, weshalb sie höchstwahrscheinlich auf einen Mond zurückzuführen sind, der sich in zu großer Nähe zum Planeten bewegt hatte. Dies erklärte auch, warum sich die Ringteilchen nicht wieder zu größeren Partikeln oder einem Mond zusammenschließen. Obwohl eindrucksvoll, enthalten die Ringe nur wenig Materie. Würden sie sich wieder vereinen, entstünde ein Körper von nur 100 km Durchmesser.

# SCHÄFERMONDE

Zunächst konnten sich die Wissenschaftler nicht erklären, warum das Ringsystem seine Position beibehielt und nicht vom Saturn angezogen oder in den Weltraum verstreut wurde. Man vermutete schließlich so genannte Schäfermonde, die innerhalb des Ringsystems kreisen und mit ihrer Gravitationswirkung die Form der Ringe erhalten. Diese Theorie wurde 1980 mit der Entdeckung der beiden Schäfermonde Prometheus und Pandora durch Voyager 1 bestätigt. Prometheus befindet sich innerhalb des schmalen, bandförmigen F-Ringes, Pandora außerhalb von ihm. Im selben Jahr wurde an der Außenseite des A-Ringes mit Atlas ein weiterer Schäfermond gefunden. Beim erneuten Betrachten der Voyager-2-Aufnahmen machte der amerikanische Wissenschaftler Mark Showalter 1990 in der enckeschen Teilung den Schäfermond Pan aus.

**OBEN:** der Saturn (oben rechts) am Nachthimmel. Das hellblaue Objekt (Mitte links) ist der Krebsnebel (M1, NGC 1952), Überrest einer Supernova. Der Saturn zählt zu den fünf hellsten Planeten und kann mit bloßem Auge beobachtet werden. Reflektiertes Sonnenlicht lässt ihn hell erstrahlen.

**ZEITTAFEL**

1655 – Christiaan Huygens vermutet einen festen Saturnring.

1659 – Christiaan Huygens stellt fest, dass die Ringe vom Planeten getrennt sind.

1660 – Jean Chapelain vermutet, dass sich die Ringe aus zahlreichen kleinen Satelliten zusammensetzen.

1675 – Giovanni Domenico Cassini entdeckt die Teilung, die seinen Namen trägt.

1837 – Johann Encke beobachtet im A-Ring die nach ihm benannte Teilung.

1883 – Der britische Astronom Andrew Ainslee Common macht die ersten Aufnahmen von den Saturnringen.

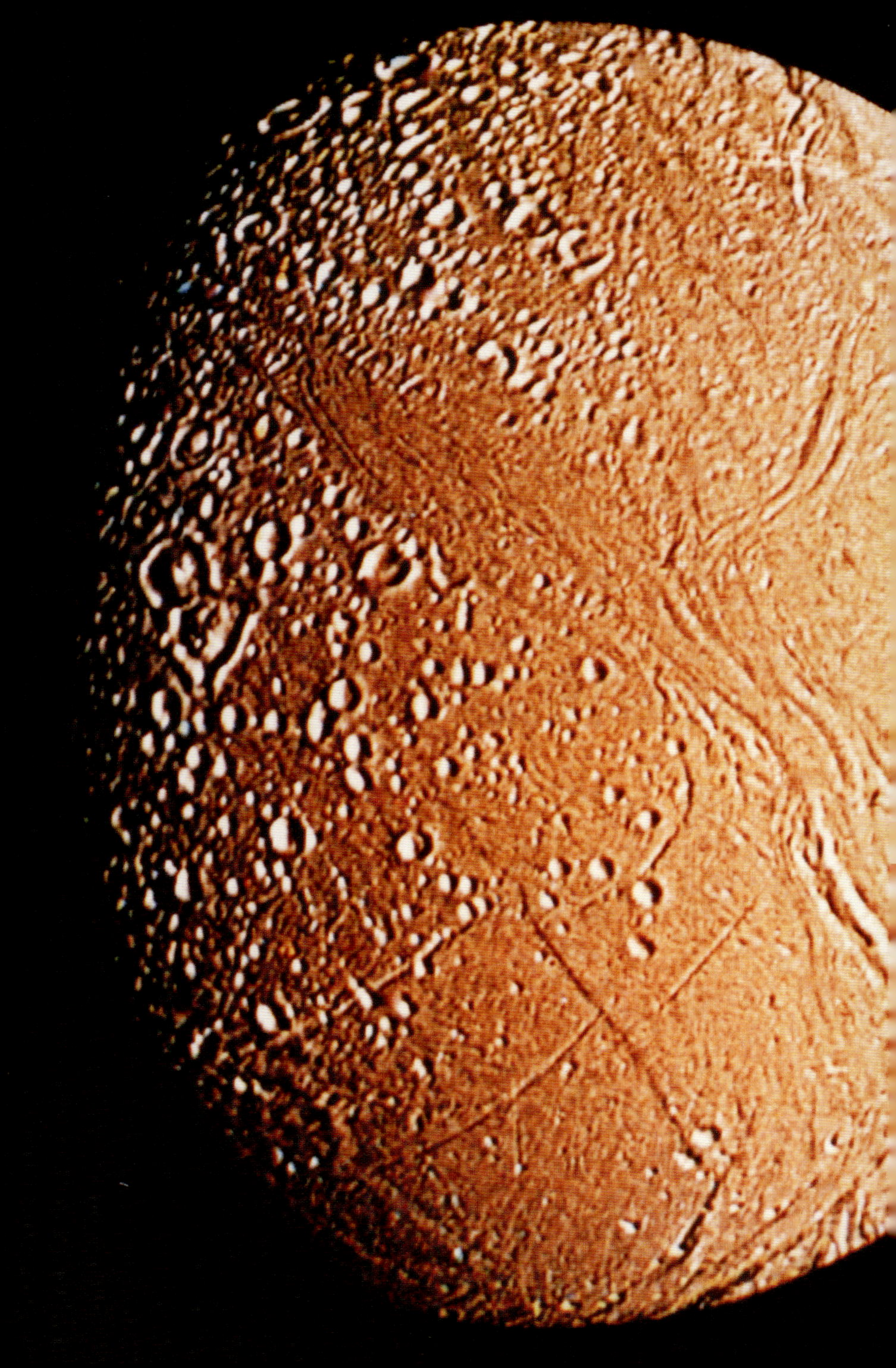

# DIE SATELLITEN

Einzig der Jupiter übertrifft den Saturn in der Anzahl seiner natürlichen Satelliten. 1997 waren nur 18 Saturnmonde bekannt. Bis heute wurden insgesamt 48 Satelliten nachgewiesen, Forscher rechnen aber mit weiteren Entdeckungen. Der Titan nimmt unter ihnen eine Sonderstellung ein: Er ist erheblich größer und hat eine dichtere Atmosphäre als die anderen Monde. Der Saturn besitzt sechs mittelgroße Monde: Mimas, Enceladus, Tethys, Dione, Rhea und Japetus. Alle Monde haben eine gebundene Rotation und wenden dem Saturn stets dieselbe Seite zu, so wie unser Mond der Erde. Japetus, Rhea, Dione und Tethys wurden zwischen 1671 und 1684 von Cassini entdeckt. Tethys hat eine dem Wasser vergleichbare Dichte, was darauf hindeutet, dass der Mond vor allem aus Wassereis besteht. Alle großen saturnischen Monde bewegen sich in der Äquatorebene, mit Ausnahme von Japetus, dem äußersten der mittelgroßen Monde. Damit böte sich von Japetus aus ein spektakulärer Blick auf die Saturnringe, während man von den anderen Monden aus stets auf die flache Ringkante blickte.

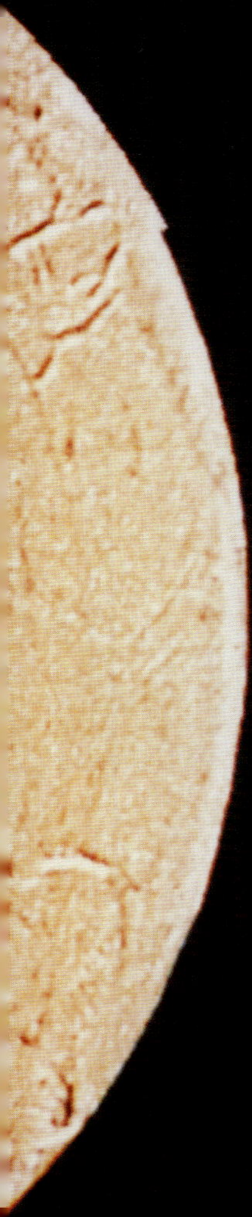

**LINKS:** Voyager-2-Aufnahme von Enceladus, einem Saturnsatelliten. Er besitzt einen Durchmesser von 500 km und weist einige verkraterte Bereiche auf sowie Regionen, die mit einem Gewirr von schluchtenartigen Vertiefungen überzogen sind.

### PHYSIKALISCHE DATEN

**TETHYS: MITTLERE ENTFERNUNG ZUM SATURN:** 294 660 km

**DURCHMESSER:** 1060 km

**MASSE:** 6,27 x $10^{20}$ kg

**DIONE: MITTLERE ENTFERNUNG ZUM SATURN:** 377 400 km

**DURCHMESSER:** 1120 km

**MASSE:** 1,1 x $10^{21}$ kg

**RHEA: MITTLERE ENTFERNUNG ZUM SATURN:** 527 040 km

**DURCHMESSER:** 1528 km

**MASSE:** 2,31 x $10^{21}$ kg

**JAPETUS: MITTLERE ENTFERNUNG ZUM SATURN:** 3 561 300 km

**DURCHMESSER:** 1560 km

**MASSE:** 1,6 x $10^{21}$ kg

# MIMAS UND ENCELADUS

**OBEN:** Saturn und sein Mond Dione, der zu den 48 bekannten Saturnsatelliten zählt.

**PHYSIKALISCHE DATEN**

**MIMAS**

**MITTLERE ENTFERNUNG ZUM SATURN:** 185 520 km

**DURCHMESSER:** 392 km

**MASSE:** 3,75 x $10^{19}$ kg

**ENCELADUS**

**MITTLERE ENTFERNUNG ZUM SATURN:** 238 020 km

**DURCHMESSER:** 496 km

**MASSE:** 7 x $10^{19}$ kg

Sie wurden zum ersten Mal 1789 von Friedrich Wilhelm Herschel beobachtet, der acht Jahre zuvor bereits den Uranus entdeckt hatte. Sie sind die innersten der mittelgroßen Monde. Der kraterübersäte Mimas, unter den sechs Monden der saturnnächste, befindet sich innerhalb des E-Ringes, weshalb er permanent von Ringmaterial getroffen wird. Die Daten, die die Raumsonde Cassini 2005 während ihres Vorbeiflugs an Enceladus lieferte, begeisterten die Astronomen. So wurde eine hauptsächlich aus Wasserdampf bestehende Atmosphäre nachgewiesen. Besonders interessant war die Entdeckung eines Hot Spots am Südpol. Die höheren Poltemperaturen lassen auf eine innere Wärmequelle schließen, die sich eigenartigerweise am Pol konzentriert.

# KOORBITALE MONDE

1966 wurde der kleine Mond Janus innerhalb der Mimasbahn entdeckt. 1978 vermutete man, dass auf fast derselben Bahn zwei Monde kreisen. Dies bestätigte sich 1980 mit der Ankunft von Voyager 1 am Saturn. Der zweite Mond erhielt den Namen Epimetheus. Die maximale Entfernung ihrer Bahnen beträgt nur 50 km, und obwohl die Monde sich mit unterschiedlicher Geschwindigkeit bewegen, kommt es nicht zum Zusammenstoß. Sobald sich ein Trabant dem anderen nähert, beeinflussen sich die beiden durch ihre Schwerkraft gegenseitig: Der innere Mond wechselt dann auf eine höhere, langsamere Bahn, der äußere Mond zugleich auf eine niedrigere, schnellere Bahn.

**OBEN:** Bild des drittgrößten Saturnmondes Japetus. Er besteht in erster Linie aus Wassereis und hat einen mittleren Durchmesser von 1500 km.

### PHYSIKALISCHE DATEN

**JANUS**

**MITTLERE ENTFERNUNG ZUM SATURN:** 151 472 km

**DURCHMESSER:** 180 km

**MASSE:** $1{,}92 \times 10^{18}$ kg

**EPIMETHEUS**

**MITTLERE ENTFERNUNG ZUM SATURN:** 151 422 km

**DURCHMESSER:** 120 km

**MASSE:** $5{,}5 \times 10^{17}$ kg

# TITAN

Titan ist erheblich größer als die anderen Saturnmonde, größer als der Merkur und Pluto sowie nach Jupiters Ganymed der zweitgrößte Mond im Sonnensystem. Im Jahr 1655 wurde er von dem niederländischen Astronomen Christiaan Huygens entdeckt und war damit der Erste seit der revolutionären Entdeckung der vier Galileischen Jupitermonde. Titan ist neben der Erde der einzige Körper im Sonnensystem mit einer stickstoffreichen Atmosphäre, sie ist aber viel dichter als jene der Erde. Die Atmosphäre verhüllt die Oberfläche des Mondes und entzieht sie den Blicken des Betrachters.

Nach Jahrzehnten des Rätselns darüber, was sich wohl auf seiner Oberfläche verbirgt, landete im Januar 2005 die ESA-Sonde Cassini-Huygens auf Titan. Die detaillierten Datenanalysen stehen noch aus, aber allem Anschein nach weist der Mond erdähnliche Eigenschaften auf, etwa ein dynamisches Wettergeschehen und vulkanische Aktivität. Furchen und Flussbetten lassen Methanregen vermuten, denn Wasser kann aufgrund der Kälte nur in gefrorenem Zustand vorkommen. Vom Methanregen wurde auf Methanmeere geschlossen. Cassini-Huygens hat auch vulkanische Aktivität festgestellt, die eventuell von einer erdähnlichen Plattentektonik verursacht wird. Außerdem hat die Sonde organische Materie auf der Oberfläche festgestellt – entscheidende Bausteine für Leben. Sie werden uns ein besseres Verständnis der Entwicklung des terrestrischen Lebens ermöglichen.

# TITANOBERFLÄCHE 2005

**LINKE SEITE:** die Titanatmosphäre, aufgenommen von der Cassini-Sonde. Die Farben stellen die Infrarotstrahlung (rot und grün) und Ultraviolettstrahlung (blau) der Titanatmosphäre dar. Die Infrarotstrahlung tritt dort auf, wo das Methan der Atmosphäre Licht absorbiert hat.

**LINKS:** die Titanoberfläche, aufgenommen von der ESA-Sonde Huygens am 14. Januar 2005. Bei der Entwicklung der Aufnahme war die Darstellung der tatsächlichen Oberflächenfarben das Ziel. Die Titanoberfläche ist dunkler als erwartet und besteht aus einer Mischung aus Wasser- und Kohlenwasserstoffeis.

## PHYSIKALISCHE DATEN

**TITAN**

**MITTLERE ENTFERNUNG ZUM SATURN:** 1 221 830 km

**DURCHMESSER:** 5150 km

**MASSE:** 1,35 x $10^{23}$ kg

## SATURNMISSIONEN

**1973: PIONEER 11**
besucht als erste Sonde den Saturn.

**1977: VOYAGER 2**
besucht die vier äußeren Planeten Jupiter, Saturn, Uranus und Neptun.

**1977: VOYAGER 1**
funkt atemberaubende Aufnahmen von den Saturnringen.

**1997: CASSINI-HUYGENS**
schwenkt als erste Sonde in eine Umlaufbahn um den Saturn ein.

# URANUS

# KÖNIG GEORGS STERN

**OBEN:** der deutsch-englische Astronom Sir Friedrich Wilhelm Herschel (1738–1822). Er entdeckte 1781 den Planeten Uranus und wurde danach zum Privatastronomen des englischen Königs Georg III. ernannt.

**ZEITTAFEL**

1781 – Friedrich Wilhelm Herschel entdeckt den Uranus.

1787 – Herschel beobachtet die Uranusmonde Titania und Oberon.

1851 – William Lassell entdeckt die Uranustrabanten Ariel und Umbriel.

Am 13. März 1781 entdeckte Friedrich Wilhelm Herschel, ein britischer Astronom deutscher Abstammung, etwas, was er für einen Kometen hielt. Nachdem Herschel seine Beobachtung anderen Astronomen mitgeteilt hatte, wurde deutlich, dass er gar keinen Kometen, sondern einen Planeten entdeckt hatte. Als Entdecker kam Herschel das Privileg zu, dem Planeten einen Namen zu geben. Er nannte ihn zu Ehren des englischen Königs Georg III. „Georgium Sidus" (Georgs Stern). Diese Bezeichnung war jenseits der Insel unpopulär. Stattdessen war im späten 18. und frühen 19. Jahrhundert für ihn der Name Herschel allgemein gebräuchlich. Um die Planetennomenklatur des Sonnensystems wieder in Einklang zu bringen, suchte man nach einem Namen aus der klassischen Mythologie. Nach Herschels Tod 1822 fand schließlich die Anregung des deutschen Astronomen Johann Elert Bode (1747–1826), den siebten Planeten Uranus zu nennen, Zustimmung.

# ATMOSPHÄRE

Der Uranus besitzt von allen Planeten das am wenigsten charakteristische Aussehen. Das Innere verhüllt ein bläulich grüner Schleier. Seinen Farbton erhält er von Methanwolken, die rotes Licht absorbieren und blaues sowie grünes Licht reflektieren. Im Gegensatz zu seinem unmittelbaren Nachbarn Neptun besitzt der Uranus nur wenige permanente Wolkenformationen oder dunkle Flecken. Die Wolken, zumeist aus Methan, kondensieren alle in derselben Höhe, weshalb sich die Wolkendecke relativ gleichförmig über den gesamten Planeten verteilt. Von heftigen Winden werden die Wolken um den Planeten gejagt. In der oberen Atmosphäre wurde Höhendunst aus Äthan und anderen Kohlenwasserstoffen beobachtet. Wie bei allen Gasriesen setzt sich die Atmosphäre hauptsächlich aus Wasserstoff und Helium zusammen.

**OBEN:** Echtfarbenbild des Planeten Uranus, aufgenommen aus einem Orbit von knapp 3 Milliarden km, dem 20-fachen der Erde-Sonne-Entfernung. Uranus rotiert um eine Achse, die nahezu in der Bahnebene liegt, sodass er im Gegensatz zu den anderen Planeten zu „rollen“ scheint.

### PHYSIKALISCHE DATEN

**UMLAUFDAUER:** 30 687 Erdtage (84 Erdjahre)

**ROTATIONSDAUER:** 17 Stunden, 14 Minuten

**OBERFLÄCHENSCHWERKRAFT:** 8,4 $m/s^2$ (Wer auf der Erde 100 kg wiegt, würde auf dem Uranus etwa 86 kg wiegen.)

**DICHTE:** 1,3 $g/cm^3$ (Entspricht etwa einem Viertel der Erddichte.)

# KERN

**OBEN:** farbiges Kompositbild des Uranus. Die schmale Uranussichel zeigt einen matten blaugrünen Farbton. Er entsteht durch den Methananteil in der Atmosphäre, der rotes Licht absorbiert und dem Planeten einen überwiegend bläulichen Farbton verleiht.

### PHYSIKALISCHE DATEN

**GERINGSTE ENTFERNUNG ZUR ERDE:**
2 587 000 000 km

**MITTLERE ENTFERNUNG ZUR SONNE:**
2 870 972 200 km
(Erde: 150 000 000 km; die Uranusbahn ist 19-mal weiter von der Sonne entfernt als die Erdbahn.)

**MITTLERE BAHNGESCHWINDIGKEIT:**
7 km/s (Erde: 30 km/s)

Temperatur und Druck nehmen in der Tiefe zu, folglich gehen die Methanwolken allmählich von einem gasförmigen in einen festen Zustand über. In der Atmosphäre bilden sich zunehmend Eiskristalle und werden bald so zahlreich, dass sich die Wolke zunächst in matschiges Methaneis, später in festes Eis verwandelt. Die festen Eisschichten bestehen aus Wasser, Ammoniak und Methan. Mit fast unmerklicher Geschwindigkeit, ähnlich wie die Gletscher auf der Erde, „fließen" sie um den Planeten. Im Inneren des Uranus vermutet man einen Gesteinskern aus Silikaten und Eisen. Als bisher einzige Sonde kam Voyager 2 auf ihrem Weg zum Neptun 1986 am Uranus vorbei. Weitere, speziell für den Planeten bestimmte Sonden werden folgen müssen, wenn wir seinen inneren Aufbau und seine Atmosphäre besser verstehen wollen.

# RINGE

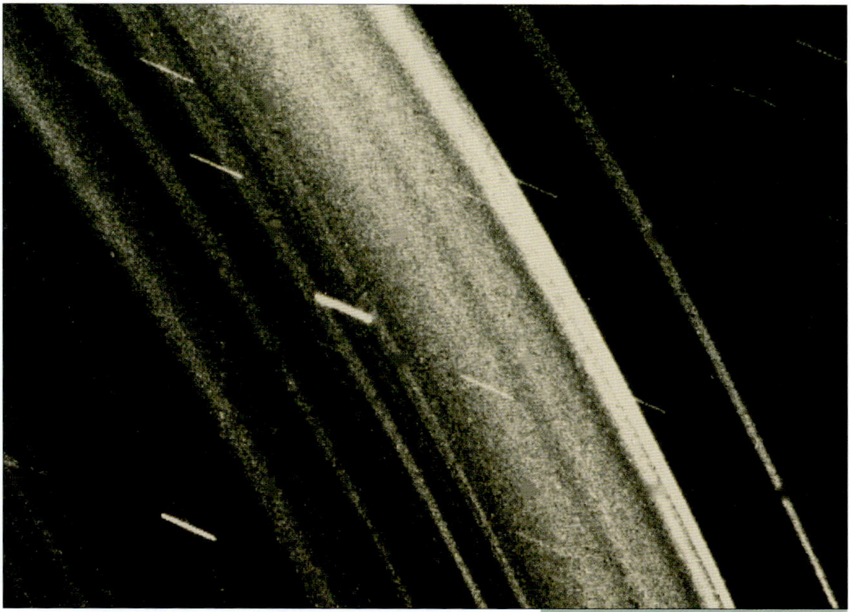

Der Uranus wurde 1977 genauestens beobachtet, während er vor einem Stern vorbeiwanderte. Ziel war die Berechnung des Planetendurchmessers anhand der Zeitdauer, während der der Uranus den Stern verdeckte. Der Stern „blinkte" jeweils fünfmal, unmittelbar bevor und nachdem er hinter dem Planeten verschwand. Die Wissenschaftler erklärten sich dies mit einem fünfteiligen Ringsystem. Später wurde die Zahl auf neun Ringe erhöht, und Voyager 2 konnte sogar zwei weitere Ringe nachweisen, sodass heute elf Ringe bekannt sind. Die Uranusringe sind viel dünner, dunkler und schwächer als jene des Saturn und bestehen aus feinerem Material, was auch erklärt, warum sie erst 1977 entdeckt wurden. Der Mond Cordelia befindet sich innerhalb der Uranusringe und wirkt als Schäfermond auf den Epsilonring, ähnlich wie die Schäfermonde der Saturnringe. Cordelia bewegt sich innerhalb der Roche-Grenze und wird vermutlich in Kürze zerstört werden.

**OBEN:** Voyager-2-Aufnahme des Ringsystems. Auf dem Bild erkennt man gleichmäßig im gesamten Ringsystem verteilte Partikelchen. Abgebildet sind alle bis dahin bekannten Ringe.

**RINGNAME UND ENTFERNUNG ZUM URANUS**

| | |
|---|---|
| 1986 U2R | 38 000 km |
| 6 | 41 837 km |
| 5 | 42 235 km |
| 4 | 42 572 km |
| Alpha | 44 718 km |
| Beta | 45 661 km |
| Eta | 47 176 km |
| Gamma | 47 627 km |
| Delta | 48 300 km |
| Lambda | 50 024 km |
| Epsilon | 51 149 km |

# GENEIGTE ACHSE

Das auffälligste Merkmal ist die extreme Neigung der Planetenachse. Sie beträgt mehr als 90°, vermutlich weil der Uranus irgendwann einmal in seiner Geschichte von einem großen Objekt getroffen wurde. Die starke Neigung ruft vier Jahreszeiten hervor. Jede dauert 21 Erdjahre und damit ein Viertel der insgesamt 84-jährigen Umlaufperiode. Im Hochsommer scheint die Sonne direkt auf den ihr zugewandten Pol. Der entgegengesetzte Pol unterliegt in dieser Zeit einem strengen Winter und muss mindestens 21 Jahre auf Sonnenlicht verzichten. 1985 bewegte sich der Südpol in das Sonnenlicht hinein und überließ den Nordpol der langen Finsternis. Zu Beginn des 21. Jahrhunderts überquerte dann die Sonne den Äquator, es brach Frühling am Nordpol an, und gleichzeitig kündigten sich am Südpol bereits die ersten Vorboten des dunklen Winters an. Der Wechsel war von gewaltigen Stürmen in der nördlichen Hemisphäre begleitet, weil diese sich allmählich erwärmte – jedenfalls für dortige Verhältnisse.

Die vom Hubble-Teleskop fotografierten Stürme sind eventuell ein durch den Jahreszeitenwechsel bedingtes periodisches Phänomen und von der Erde aus nur dank moderner Technik sichtbar.

**LINKS:** Infrarotbild des Uranus. Die nördliche Hemisphäre (links vom Ring) dreht sich aus der jahrzehntelangen Finsternis heraus. Die hellblauen Flecken in der Südhemisphäre sind Wolken oberhalb der Uranusatmosphäre. Das Methan in der oberen Atmosphäre absorbiert rotes Licht, was dem Planeten seine blaugrüne Farbe verleiht.

### PHYSIKALISCHE DATEN

**DURCHMESSER:** 51 118 km (Etwa der 4fache Erddurchmesser.)
**UMFANG:** 160 592 km (Erde: 40 075 km)
**FLÄCHE:** 8 115 600 000 $km^2$ (Erde: 510 072 000 $km^2$)
**MASSE:** 8,7 x $10^{25}$ kg (Die Uranusmasse ist etwa 14,5-mal größer als die Erdmasse.)
**VOLUMEN:** 5,9 x $10^{13}$ $km^3$ (Erde: 1,1 x $10^{12}$ $km^3$)

# LITERARISCHE MONDE

**OBEN:** Falschfarbbild des Uranus. Der rosa Farbton an den Polen ist auf Höhendunst in der Atmosphäre zurückzuführen, der das Licht reflektiert, bevor es vom atmosphärischen Methangas absorbiert wird. Die stark blauen Bereiche der mittleren Breiten bezeichnen Regionen mit wenig Dunst.

**ZEITTAFEL**

1948 – Gerard Peter Kuiper entdeckt den Uranusmond Miranda.

1985 – Der amerikanische Astronom Stephen Synnott findet auf Voyager-2-Aufnahmen den Mond Puck.

1999 – Drei neue Monde – Setebos, Stephano und Prospero – werden entdeckt.

2003 – Sechs neue Uranussatelliten werden entdeckt.

Friedrich Wilhelm Herschel spürte ebenfalls zwei Uranusmonde auf. 1852 gab ihnen Herschels Sohn John (1792–1871), ebenfalls Astronom, die Namen Titania und Oberon. Pate standen der König und die Königin der Feen aus Shakespeares Komödie „Ein Sommernachtstraum". 1851 entdeckte der britische Astronom William Lassell (1799–1880) zwei weitere Monde und bat John Herschel, auch für sie Namen zu finden. Er wählte Ariel und Umbriel nach Figuren aus Alexander Popes Epos „Der Raub der Locke". Die folgenden Uranusmonde wurden ebenfalls nach Figuren aus der englischen Literatur benannt, sodass sie heute eine Sonderstellung im Sonnensystem einnehmen, dessen Objekte fast alle Namen aus der klassischen Mythologie tragen. Der Mondname Belinda ist ebenfalls von einer Figur aus „Der Raub der Locke" inspiriert, alle weiteren Namen stammen aus Shakespeare-Stücken.

# EISIGE VERKRATERTE WELTEN

Der größte Uranusmond ist Titania, eng gefolgt von Oberon, dessen Durchmesser nur 50 km kleiner ist. Sie sind beide wie die meisten Uranussatelliten eisige, von Impaktkratern bedeckte Welten. Viele der Monde sind von Grabenbrüchen überzogen, die auf Verwerfungen im Gestein schließen lassen. Im Jahr 1948, fast 100 Jahre nach der Entdeckung von Ariel und Umbriel, beobachtete der amerikanisch-niederländische Astronom Gerard Peter Kuiper einen fünften Mond, den er nach Prosperos Tochter aus „Der Sturm" Miranda nannte. Zehn Trabanten entdeckte die Sonde Voyager 2 bei ihrer Ankunft am Planeten 1986, und mehr als zehn Jahre später wurde beim Überprüfen der Voyager-2-Bilder ein elfter Mond identifiziert. In den 1990er-Jahren und im frühen 21. Jahrhundert konnten dank verbesserter Teleskoptechnik weitere elf Uranussatelliten ausgemacht werden.

**OBEN:** Hubble-Bild des Uranus mit Ringsystem und sechs seiner Monde. Der helle Mond unten ist Ariel. Die fünf anderen Monde sieht man um die Ringe verteilt. Im Uhrzeigersinn von oben: Desdemona, Belinda, Portia, Cressida und Puck.

### URANUSMISSIONEN

Nur eine Sonde hat den Uranus bis jetzt aus der Nähe beobachtet: Voyager 2. 1986 passiert sie den Uranus in einer Entfernung von 107 000 km vom Planetenzentrum. Voyager endeckte dabei zehn neue Trabanten und maß die Länge eines Uranustages.

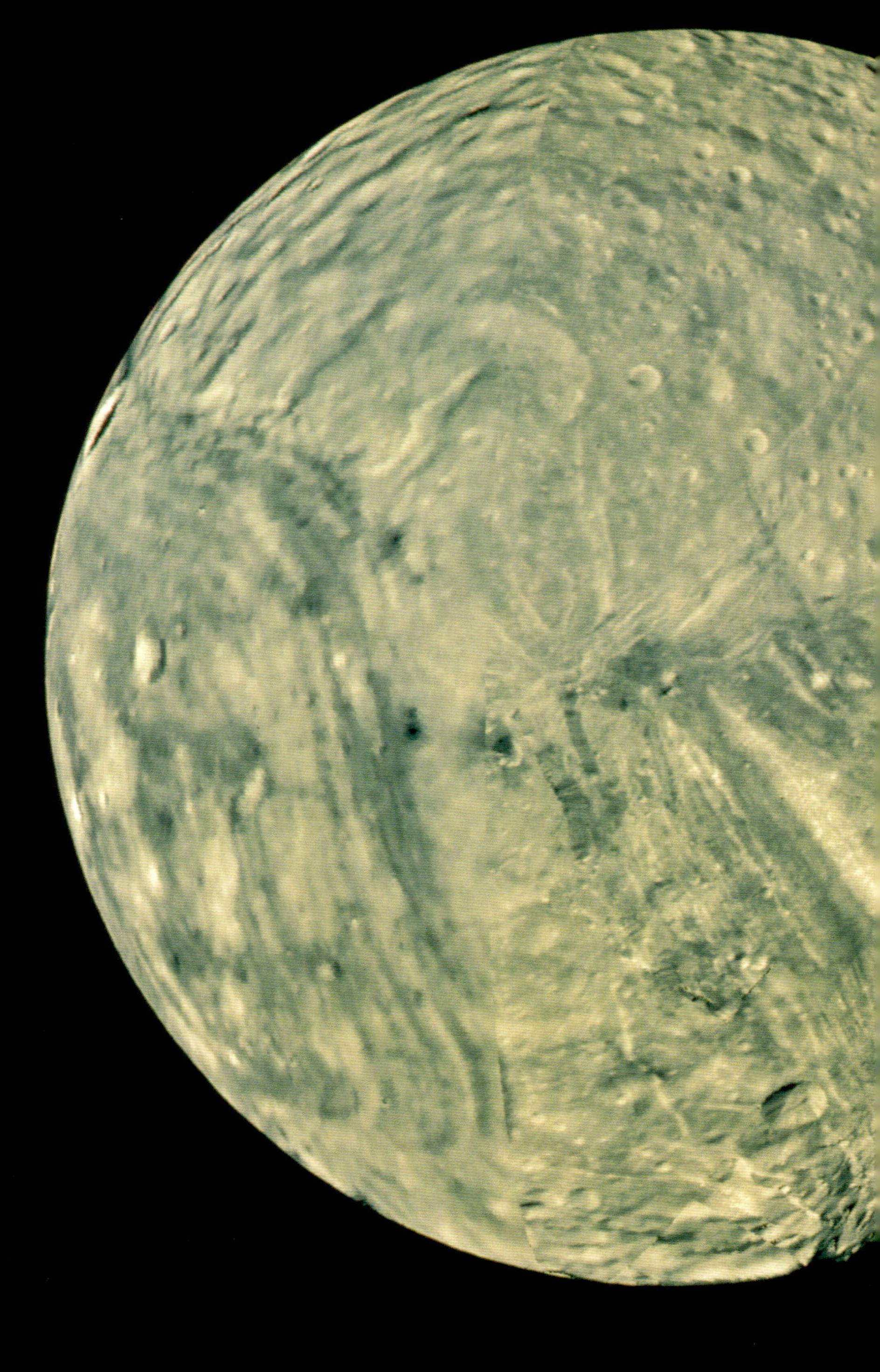

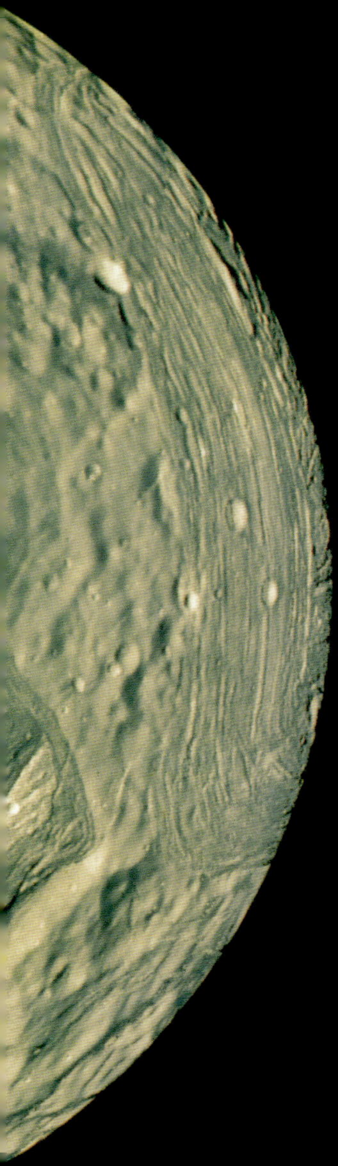



# MIRANDA

Da der Uranusmond Miranda viel kleiner ist als Oberon, Titania, Ariel oder Umbriel, war er nicht gerade die erste Wahl der Wissenschaftler. Als aber die Sonde Voyager 2 auf dem Weg zum Neptun an ihr vorbeiflog, nutzte man die Gelegenheit zu seiner Erkundung. Dies war im Januar 1986 aber nur im Bereich der Sonne zugewandten Südhemisphäre möglich – und der Mond Miranda erwies sich als bemerkenswert. Er gleicht einer völlig zertrümmerten Welt und ist über und über mit steilen Eisklippen und Terrassen bedeckt. Ein Steilhang ist 20 km hoch, mehr als doppelt so hoch wie der Mount Everest. Ursprünglich ging die Forschung davon aus, dass dieser Uranusmond sein heutiges Aussehen dem wiederholten Aufschlag von großen Körpern verdankt. Nach neuesten Erkenntnissen führt man jedoch zahlreiche Oberflächenstrukturen der Miranda auf das Upwelling (Auftriebsphänomen) von warmem Eis zurück.

**LINKS:** Mosaikbild der komplexen Mirandaoberfläche. Zwar besitzt der Uranusmond nur einen Durchmesser von 470 km, doch weist er vielfältige und ungewöhnliche geologische Strukturen auf. Am auffälligsten sind die konzentrischen Ovale links im Bild und der v-förmige Winkel rechts von der Bildmitte. Die Steilhänge nahe dem „Winkel" ragen etwa 20 km hoch auf.

### PHYSIKALISCHE DATEN

**MIRANDA**

**MITTLERE ENTFERNUNG ZUM URANUS:** 129 872 km

**DURCHMESSER:** 472 km

**MASSE:** 6,6 x $10^{19}$ kg

**DICHTE:** 1,2 g/$cm^3$

**UMLAUFDAUER:** 1 Tag, 9 Stunden, 50 Minuten

# NEPTUN

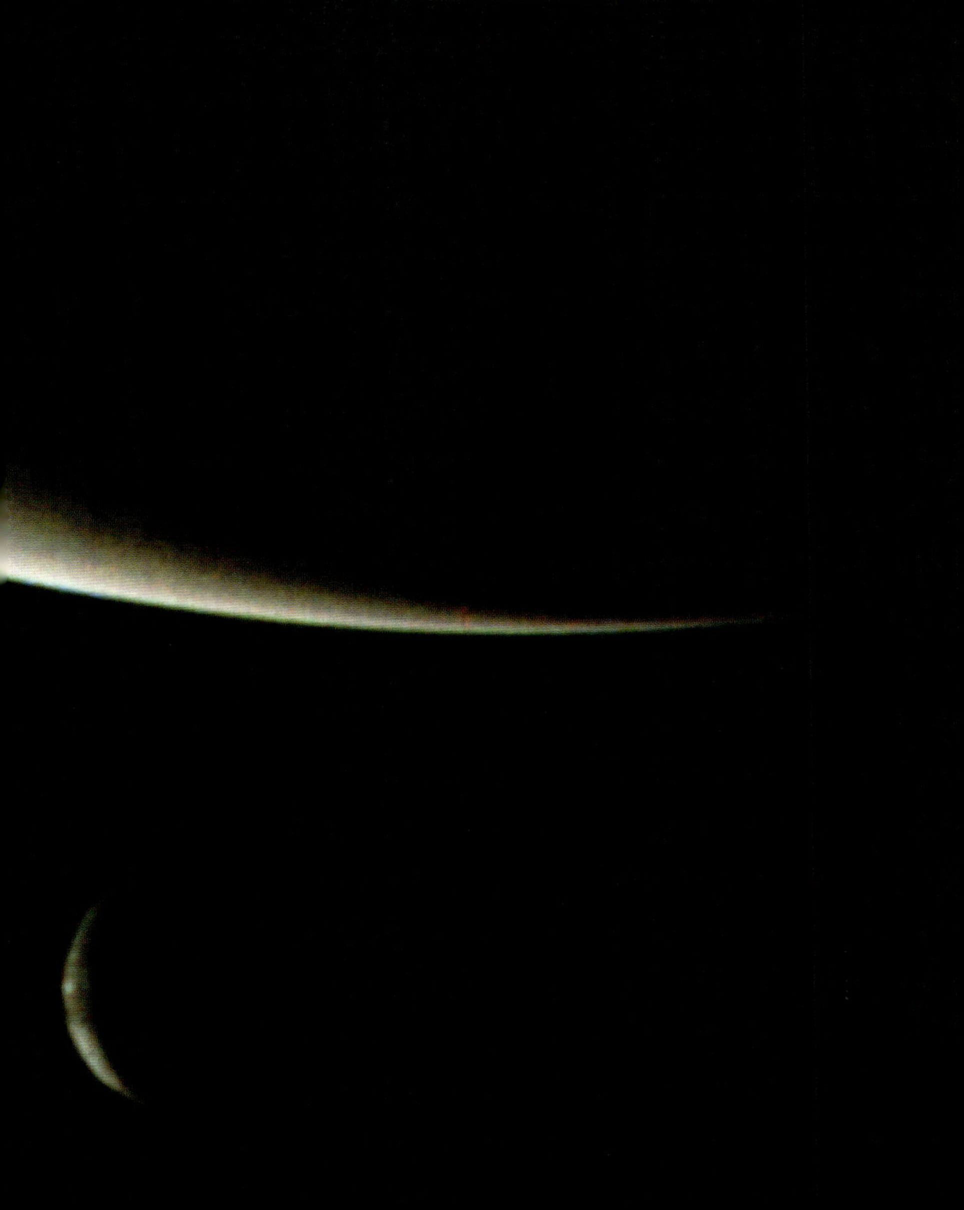

# ENTDECKUNG

**OBEN:** Voyager-2-Bild des Planeten Neptun. Das Bild zeigt zwei auffällige Wolken im dynamischen Wettersystem des Neptun. Links erkennt man den Großen Dunklen Fleck, ein riesiges Sturmsystem, das innerhalb von 18,3 Stunden um den Planeten fegte.

**ZEITTAFEL**

1613 – Galileo Galilei beobachtet den Neptun, hält ihn aber für einen Fixstern.

1845 – John Adams und Urbain Leverrier schlossen aus der Uranusbahn auf die Existenz des Neptun.

1846 – William Lassell entdeckt den größten Neptunsatelliten Triton.

Im 17. Jahrhundert hielt Galileo Galilei in seinen Aufzeichnungen die Beobachtung eines Objekts fest, von dem wir heute wissen, dass es der Neptun war. Er hielt es für einen Stern. Im 19. Jahrhundert berechnete der französische Astronom Alexis Bouvard die Uranusbahn um die Sonne. Da die beobachtete Bahn aber nicht mit der berechneten übereinstimmte, konnte der Uranus folglich nur von einem weiteren Planeten jenseits von ihm beeinflusst werden. Die Entdeckung des Neptun war also vornehmlich das Ergebnis von Berechnungen und nicht der Beobachtung. Anhand der Uranusbahn bestimmten der Franzose Urbain Leverrier und der Brite John Couch Adams unabhängig voneinander die voraussichtliche Position des unbekannten Planeten. Keiner der beiden konnte jedoch die Sternwarten dazu bewegen, seine Theorie zu überprüfen. Schließlich entdeckte der deutsche Astronom Johann Gottfried Galle anhand von Leverriers Berechnungen den achten Planeten im Sonnensystem am 23. September 1846.

# DER ÄUSSERSTE PLANET

Der Neptun benötigt 164,8 Jahre für eine Umkreisung der Sonne. Damit hat er seit seiner Entdeckung 1846 noch keinen Umlauf um die Sonne vollendet und wird dies erst 2011 tun. Wegen seiner exzentrischen Bahn befindet sich der Pluto auf seinem langen Umlauf gelegentlich innerhalb der Neptunbahn, weshalb der Neptun alle 248 Jahre für eine Dauer von 20 Jahren der äußerste Planet im Sonnensystem ist. Dies war erst kürzlich der Fall, als er 1979 die Plutobahn kreuzte und sich bis 1999 jenseits von ihr bewegte. Als 1989 mit Voyager 2 die einzige Sonde eintraf, die den Neptun jemals besucht hat, war er gerade der neunte – und nicht der achte – Planet in unserem Sonnensystem. Strittig ist die Frage, ob der Pluto überhaupt ein Planet ist. Sollte ihm der Planetenstatus aberkannt werden, wird der Neptun für die Dauer seines gesamten 165-jährigen Umlaufs der entfernteste bekannte Planet im Sonnensystem sein.

**OBEN:** Falschfarbenbild des Neptun. Es zeigt den allgegenwärtigen Dunst, der den Planeten mit einer halb transparenten Schicht umhüllt. Die weißen Bereiche sind Höhenwolken, einschließlich einer Wolke genau über dem Großen Dunklen Fleck.

### PHYSIKALISCHE DATEN

**UMLAUFDAUER:** 60 190 Erdtage (165 Erdjahre)

**ROTATIONSDAUER:** 16 Stunden, 7 Minuten

**OBERFLÄCHENSCHWERKRAFT:** 10,7 $m/s^2$ (Wer auf der Erde 100 kg wiegt, würde auf dem Neptun 110 kg wiegen.)

**DICHTE:** 1,76 $g/cm^3$

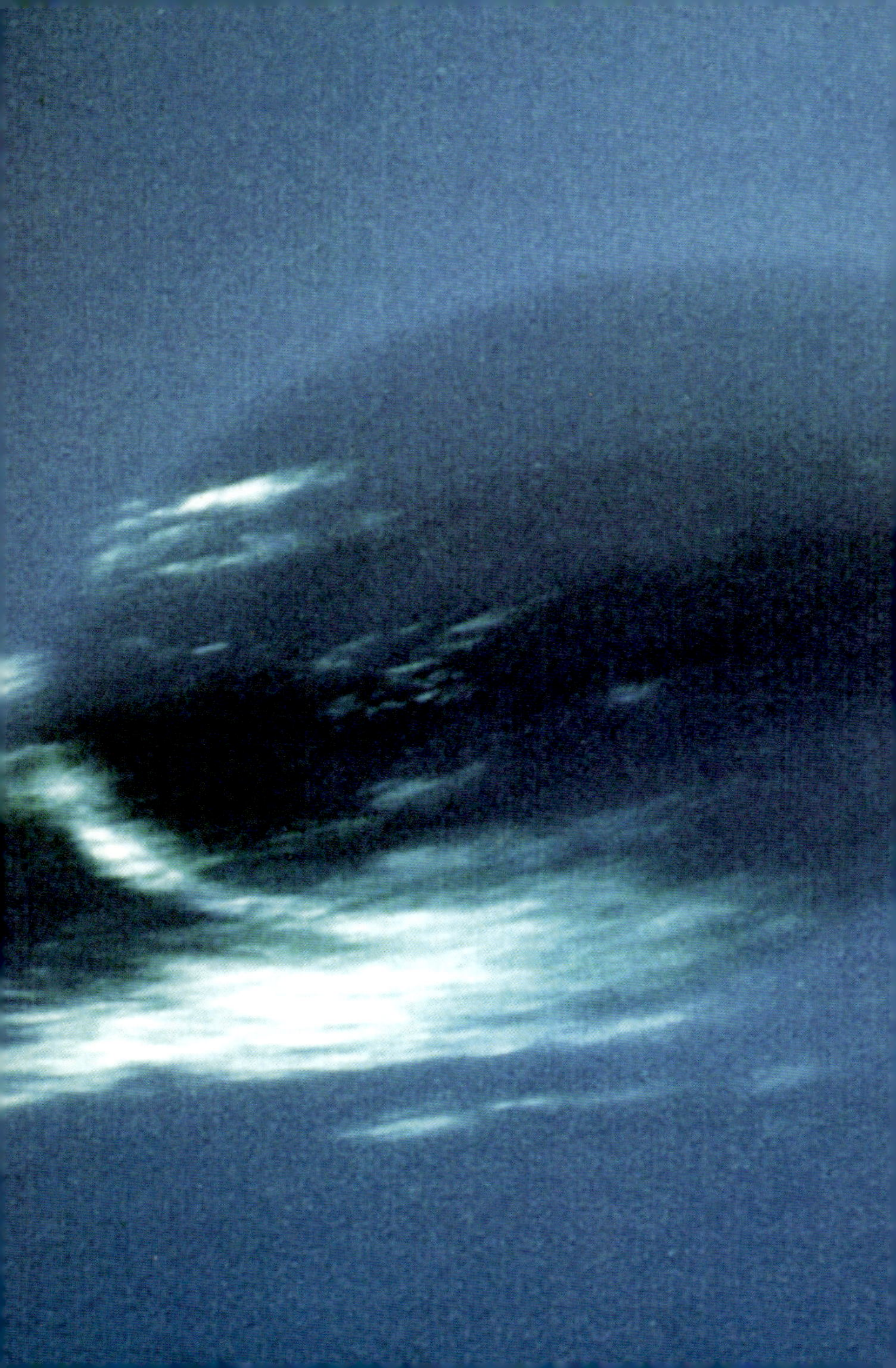

# ATMOSPHÄRE UND INNERES

Die Atmosphäre des Neptun besteht wie bei allen Gasriesen hauptsächlich aus Wasserstoff- und Heliumgas. Im Gegensatz zu Jupiter und Saturn enthält sie jedoch deutliche Mengen von Methan und anderen Kohlenwasserstoffen. Die Methanwolken, die rotes Licht absorbieren und grünes sowie blaues reflektieren, sind auch für den bläulichen Farbton verantwortlich. Ursprünglich zählte der Neptun zu den iovianischen Planeten, wegen seiner großen Ähnlichkeit mit dem Uranus wurde jedoch kürzlich die Bezeichnung „uranusähnlich" für ihn geprägt. So enthält die Uranusatmosphäre ebenfalls 2 % Methan, während der Jupiter nur Spuren von Methan aufweist.

Der Neptun ist der viertgrößte Planet im Sonnensystem, aber der drittdichteste. Die gasförmigen Schichten aus Methan, Wasserdampf und Ammoniak sinken unter zunehmendem Druck langsam zum Mantel herab, erst als Flüssigkeit, dann als Eiskristalle und schließlich als festes Eis. Unter einer Schicht aus flüssigem Wasserstoff verbirgt sich der Mantel um einen dichten Kern aus Eis und Gestein.

**LINKS:** der Große Dunkle Fleck auf dem Neptun, aufgenommen von Voyager 2 aus einer Entfernung von 2,8 Millionen km. Der Fleck ist ein riesiges Sturmsystem, so groß wie die Erde. Die Abbildung zeigt weiße Federwolken oberhalb der Grenze zwischen den dunkelblauen und hellblauen Regionen.

### PHYSIKALISCHE DATEN

**GERINGSTE ENTFERNUNG ZUR ERDE:** 4 310 000 000 km

**MITTLERE ENTFERNUNG ZUR SONNE:** 4 498 252 900 km (Erde: 150 000 000 km)

**MITTLERE BAHNGESCHWINDIGKEIT:** 5 km/s (Erde: 30 km/s)

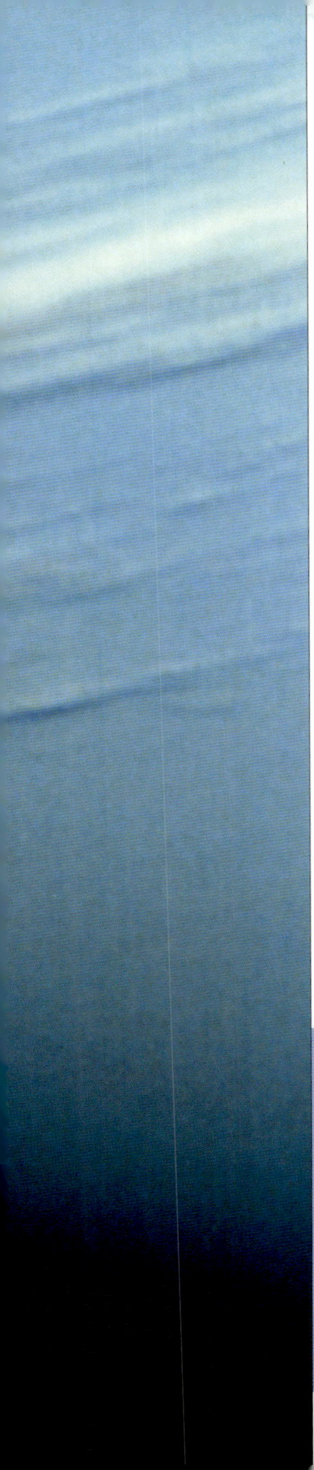



# METHANWOLKEN

Der Neptun besitzt ein äußerst dynamisches Wettersystem, in dem die schnellsten Winde des Sonnensystems toben. Die heftigen Stürme werden durch den Temperaturunterschied zwischen der inneren Wärmequelle nahe der Planetenmitte und den kalten Bereichen an der oberen Wolkengrenze verursacht. Zu ihrer Beschleunigung trägt auch die kalte Atmosphäre bei, die den Winden wenig Widerstand bietet. Sie können nach den Messungen von Voyager 2 aus dem Jahr 1989 die unglaubliche Geschwindigkeit von 2000 km/h erreichen und rasen normalerweise in Richtung Westen, also entgegengesetzt zur Rotation des Planeten, der sich ostwärts dreht.

Feine, weiße Wolken, hunderte Kilometer lang, bilden sich in großer Höhe und werfen ihren Schatten auf die bläulichen Gasschichten unter ihnen. Die Wolken ähneln im Aussehen den Zirruswolken auf der Erde, bestehen aber im Gegensatz zu diesen nicht aus kondensiertem Wassereis, sondern wahrscheinlich aus Methaneiskristallen. Eine solche von Voyager 2 entdeckte zirrusartige Formation erhielt den Namen Scooter, weil sie in nur 16 Stunden einmal um den Planeten herumflitzt.

Neben Methan enthält die Neptunatmosphäre weitere Kohlenwasserstoffe wie Äthan und Acetylen. Wie auf der Erde führen Kohlenwasserstoffe auch in der oberen Neptunatmosphäre zu Smog oder Dunst.

**LINKS:** Voyager-2-Bild der weißen, zirrusartigen Höhenwolken über Neptuns Südhemisphäre. Das Bild verdeutlicht die verschiedenen Höhenbereiche der Atmosphäre. Die linearen Wolkenformationen haben eine Breite von 50 bis 200 km, und die Breite ihrer Schatten schwankt zwischen 30 und 50 km. Daraus schlossen Wissenschaftler, dass die „Zirruswolken" sich etwa 50 km oberhalb der (blauen) Wolkendecke befinden.

### NEPTUNMISSIONEN

Als einzige Sonde besuchte Voyager 2 den Neptun 1989. Nach Vorbeiflügen am Jupiter und Saturn passierte sie ihn in einem Abstand von 4800 km vom Nordpol und übermittelte Informationen über die wesentlichen Eigenschaften des Planeten und seines größten Mondes Triton.

# DER GROSSE DUNKLE FLECK

Das auffälligste Merkmal des Neptun war ein großer dunkler Fleck in seiner Südhemisphäre, der 1989 von Voyager 2 entdeckt wurde und dem Großen Roten Fleck des Jupiter zu ähneln schien. In seiner Nähe wurden stürmische Winde mit über 2000 km/h gemessen, die den Fleck in nur etwa 18 Stunden einmal um den Planeten herumjagen. Heute vermutet man in dem Fleck ein Loch der Neptunatmosphäre, ähnlich dem Loch in der Ozonschicht der Erde. 1994 hielt das Hubble-Teleskop Ausschau nach dem Großen Dunklen Fleck, konnte ihn aber nicht mehr finden, inzwischen gab es dafür einen anderen Fleck in der nördlichen Hemisphäre. Zur Unterscheidung wird der ursprüngliche als der Große Dunkle Fleck von 1989 bezeichnet, der jüngere als jener von 1994. Voyager 2 entdeckte einen ähnlichen, aber kleineren dunklen Fleck in der Südhemisphäre. 1994 war auch er wieder verschwunden.

**LINKS:** der Neptun, aufgenommen im August 1989, als die amerikanische Sonde Voyager 2 in 5000 km Höhe am Nordpol des Planeten vorbeiflog. Das Falschfarbenbild machte die Weitwinkelkamera WAC (Wide-Angle Camera) von Voyager 2 mit Ultraviolett-, Violett- und Grünfiltern. Die Aufnahme betont Details der Wettersysteme und stellt Wolken unterschiedlicher Höhe in verschiedenen Farben dar. Das Sturmsystem des auffälligen Großen Dunklen Fleckes (Mitte) ist von feinen, rosafarbenen Höhenwolken umgeben. Die dunkleren, tieferen Wolken erscheinen hier dunkelblau.

### PHYSIKALISCHE DATEN

**DURCHMESSER:** 49 528 km (Unter den vier Gasriesen der Planet mit dem kleinsten Durchmesser; Erde: 12 756 km.)

**UMFANG:** 155 597 km (Erde: 40 075 km)

**FLÄCHE:** 7 640 800 000 $km^2$ (Erde: 510 072 000 $km^2$)

**MASSE:** 1,02 x $10^{26}$ kg (Etwa 17-mal die Masse der Erde.)

**VOLUMEN:** 6,3 x $10^{13}$ $km^3$ (Erde: 1,1 x $10^{12}$ $km^3$; in den Neptun würde die Erde 60-mal hineinpassen.)

# JAHRESZEITEN

**OBEN:** die Jahreszeiten des Neptun. Die Aufnahmen des Hubble-Weltraumteleskops zeigen sich verdichtende Wolkenbänder über Neptuns Südhemisphäre in den Jahren 1996 (links), 1998 (Mitte) und 2002 (rechts). Bedingt ist die Veränderung vermutlich durch den Frühlingsbeginn. Der Planet hat trotz seiner Entfernung zur Sonne ein bewegtes Wetter, und die Winde können bis zu 2000 km/h erreichen.

### PHYSIKALISCHE DATEN

**TEMPERATUR:** –220 °C

**ATMOSPHÄRE:** Wasserstoff, Helium, Methan (Neptuns Atmosphäre weist mit bis zu 2000 km/h die höchsten Windgeschwindigkeiten im Sonnensystem auf.)

Neptuns Achse ist ähnlich wie die der Erde um 29° gegen die Bahnebene geneigt, und deshalb kennt der Planet erdähnliche Jahreszeiten. Sie sind allerdings weniger ausgeprägt als auf unserem Planeten, weil der Neptun erheblich weiter von der Sonne entfernt ist. Aufgrund der langen Umlaufperiode dauern die Jahreszeiten dort deutlich länger als auf der Erde. Zu Beginn des neuen Jahrtausends kündigten sich verdichtende Wolkenbänder den beginnenden Neptunfrühling an, der mehrere Erdjahrzehnte andauern wird.

Unabhängig von der Jahreszeit beträgt die durchschnittliche Oberflächentemperatur –220 °C und ähnelt damit jener des Uranus, obwohl dieser sich viel näher an der Sonne befindet. Die Ursache dafür ist die innere Wärmequelle des Neptun, die die größere Entfernung ausgleicht.

# TRITON

13 Neptunmonde sind bekannt. Als erster wurde Triton von dem britischen Astronom William Lassell beobachtet. Anders als die anderen größeren Satelliten des Sonnensystems bewegt sich Triton auf einer retrograden Bahn, d.h. entgegen der Planetenrotation. Dies lässt auf ein unterschiedliches Entstehungsdatum der beiden Körper schließen. Bevor Triton von Neptuns Gravitation eingefangen wurde, war er vermutlich ähnlich wie der Pluto ein transneptunisches Objekt aus dem Kuiper-Gürtel. Als relativ großer Mond mit niedriger Umlaufbahn wurde Triton von Gezeitenkräften in eine ungewöhnlich gleichförmige, kreisförmige Bahn gezogen. Das Fehlen von Impaktkratern weist auf fortdauernde geologische Aktivität hin. Gewaltige geysirartige Eruptionen schleudern Eis und Staub mehr als 7 km hoch. Da es auf dem Triton Wasser in Verbindung mit geothermischer Aktivität gibt, gehen Forscher von der Möglichkeit aus, dass auf diesem Mond primitives Leben existiert.

**OBEN:** Mosaikbild aus Voyager-2-Aufnahmen des Triton. Die Oberfläche zeigt vielfältige Formationen. Die große Eiskappe auf dem Südpol (oben) besteht vermutlich aus einer langsam verdampfenden Schicht Stickstoffeis, die sich während des vorhergehenden Winters gebildet hat. Unterhalb davon befindet sich das so genannte Cantaloupe-Gebiet.

## PHYSIKALISCHE DATEN

**TRITON**

**MITTLERE ENTFERNUNG ZUM NEPTUN:** 354 760 km

**DURCHMESSER:** 2704 km

**MASSE:** 2,1 x $10^{22}$ kg

**DICHTE:** 2,1 g/$cm^3$

**UMLAUFDAUER:** 6 Erdtage

# PLUTO

# DER KLEINSTE PLANET

**OBEN:** optisches Bild des Planeten Pluto (Mitte) und seines großen Mondes Charon (unten links), aufgenommen mit der Spezialkamera FOC (Faint Object Camera) des Hubble-Weltraumteleskops.

### PHYSIKALISCHE DATEN

**UMLAUFDAUER:** 90 553 Erdtage (248 Erdjahre)

**ROTATIONSDAUER:** 6 Tage, 9 Stunden, 18 Minuten

Der Pluto besitzt eine exzentrische Bahn, und seine Entfernung zur Sonne variiert zwischen 4,4 und 7,4 Milliarden km.

Der Amateurastronom Clyde Tombaugh aus Kansas schickte 1928 detaillierte Aufzeichnungen von Planetenbewegungen an das Lowell-Observatorium in Arizona. Statt der erwarteten Erläuterungen erhielt er das Angebot, als „Junior Astronomer" Aufnahmen von Weltraumregionen jenseits des Neptun zu durchforsten – auf der Suche nach dem neunten Planeten, dem Planeten X. Diese Bezeichnung hatte als Erster Percival Lowell, der Gründer des Observatoriums geprägt. Denn schon bald nach der Entdeckung des Neptun hatte man erkannt, dass seine Masse nicht ausreichte, um die Bahnunregelmäßigkeiten der anderen Gasriesen zu erklären. Für sie wurde vielmehr die Existenz eines weiteren Planeten jenseits des Neptun verantwortlich gemacht.

# GOTT DER UNTERWELT

Um die mögliche Bewegung eines Planeten gegen die Hintergrundsterne auszumachen, verbrachte Tombaugh endlose Stunden mit dem Abgleichen von Fotos, die zu verschiedenen Zeiten von ein und demselben Weltraumgebiet gemacht worden waren. Am 18. Februar 1930 entdeckte er schließlich eine solche Bewegung und mit ihr den neunten Planeten. Für die Namensfindung wurde ein öffentlicher Wettbewerb durchgeführt. Der Vorschlag „Pluto" der elfjährigen Venetia Burney aus dem englischen Oxfordshire war aus zweierlei Gründen interessant: Pluto ist in der klassischen Mythologie der Gott der Unterwelt, und dies spielt auf die Sonnenferne des Planeten an, und die beiden ersten Buchstaben bilden die Initialen von Percival Lowell.

**OBEN:** Clyde Tombaugh (1906–1997) am Blinkkomparator, mit dessen Hilfe er nach 7000 Arbeitsstunden ein winziges Objekt jenseits der Neptunbahn – den Pluto – gefunden hatte.

**ZEITTAFEL**

1930 – Der Pluto wird von Clyde Tombaugh entdeckt.

1954 – Bestimmung der Rotationsdauer des Pluto.

1978 – James Christy entdeckt den Mond Charon.

1992 – Nachweis von Stickstoff und Kohlenmonoxid auf der Plutooberfläche.

1994 – Erste Plutokarten durch das Hubble-Teleskop.

# PLANET X?

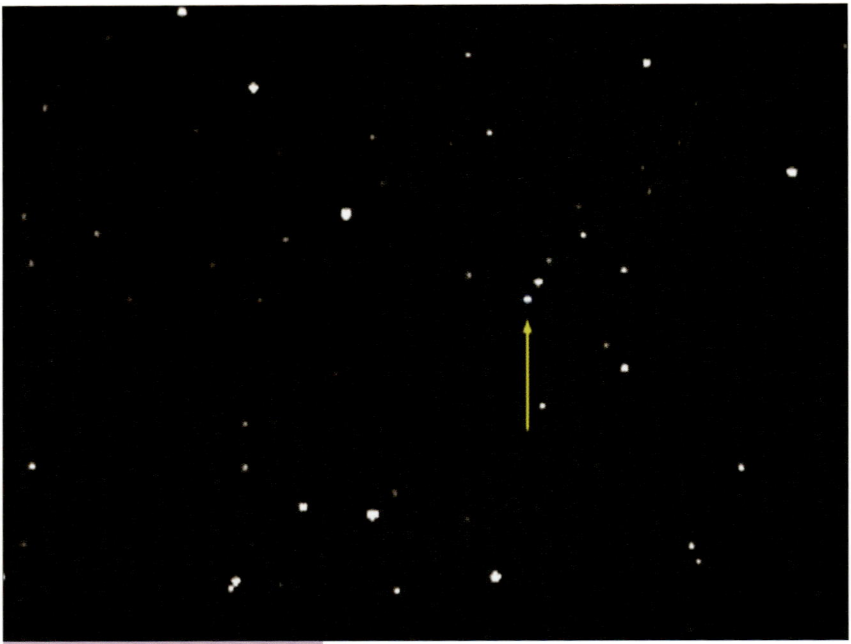

**OBEN:** der Pluto am 27. Juli 1998. Er ist ein Stern 15. Größe.

### PHYSIKALISCHE DATEN

**DURCHMESSER:** 2300 km (Der Durchmesser des kleinsten Planeten beträgt etwa zwei Drittel des Erdmonddurchmessers.)

**UMFANG:** 7232 km (Erde: 40075 km)

**FLÄCHE:** 16650000 $km^2$ (Erde: 510072000 $km^2$)

**DICHTE:** 2 $g/cm^3$ (Dichte: 5,5 $g/cm^3$)

**MASSE:** $1{,}3 \times 10^{22}$ kg (Wegen seiner geringen Dichte entspricht die Masse von Pluto dem 0,17fachen des Erdmonds.)

**VOLUMEN:** $6{,}4 \times 10^{9}$ $km^3$ (Erde: $1{,}1 \times 10^{12}$ $km^3$)

Anfangs gab man sich mit dem Pluto als Planet X, dem neunten Planeten im Sonnensystem, zufrieden. Mehrere Jahrzehnte später wurde dann die Größe des Pluto anhand der Bedeckung seines Mondes Charon berechnet, und es stellte sich heraus, dass der Planet erheblich kleiner war als ursprünglich vermutet. Er ist nicht nur der kleinste im Sonnensystem, sondern auch kleiner als die Monde Ganymed, Titan, Callisto, Io, Europa, Triton und sogar als der Erdmond. In Anbetracht seiner ungewöhnlich geringen Größe stellte sich schon bald die Frage nach dem Planetenstatus. Die Plutobahn ist sowohl exzentrisch wie auch gegen die Ebene der anderen Planeten geneigt und hat große Ähnlichkeit mit einer Kometenumlaufbahn, wobei die größte Sonnennähe bei 30 Astronomischen Einheiten (AE) und die größte Sonnenferne bei 50 AE liegen.

# DER MOND DES PLUTO

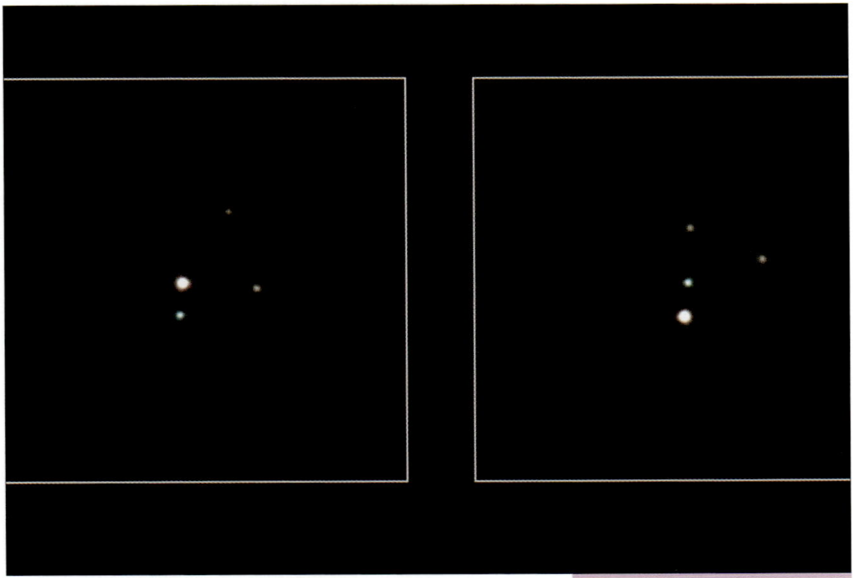

1978 fiel dem amerikanischen Astronomen James Christy auf Aufnahmen des Planeten ein periodisch erscheinendes kleines Objekt auf – er hatte einen Plutomond entdeckt. Benannt wurde er nach Charon, der in der griechischen Mythologie als Fährmann die Toten über den Fluss Styx in die Unterwelt übersetzt. Eigentlich trifft auf Pluto und Charon die Bezeichnung Doppelplanetensystem besser zu, weil die beiden Objekte nicht weit voneinander entfernt sind und Charon knapp halb so groß ist wie der Pluto und damit relativ zur Größe seines Elternplaneten der größte Mond im Sonnensystem. Außerdem hat er eine gebundene Rotation und der Pluto als einziger Planet eine satellitengebundene Rotation: Beide Körper benötigen 6,4 Tage für eine Rotation um die eigene Achse, weshalb sie einander stets dieselbe Seite zuwenden. 2005 erfasste das Hubble-Teleskop zwei potenzielle Plutomonde. Die Internationale Astronomische Union (IAU) wird die Entdeckung erst bestätigen und Namen für sie vergeben, wenn weitere Aufnahmen belegen, dass sich die beiden Objekte um den Pluto bewegen.

**OBEN:** Hubble-Bilder von Pluto (weiß), seinem großen Mond Charon (hellblau) und zwei kürzlich entdeckten potenziellen Trabanten (grau). Aufgrund ihrer vergleichbaren Masse kreisen Pluto und Charon um einen Punkt zwischen ihnen, statt um einen Punkt innerhalb des größeren Körpers, wie das bei anderen Monden der Fall ist.

### PHYSIKALISCHE DATEN

**CHARON**

**MITTLERE ENTFERNUNG ZUM PLUTO:** 19600 km

**DURCHMESSER:** 1186 km

**MASSE:** 1,6 x $10^{21}$ kg

**DICHTE:** 2,2 g/cm$^3$

**UMLAUF- UND ROTATIONSDAUER:** 6 Tage, 9 Stunden, 18 Minuten (Sie ist mit der Rotationsdauer des Pluto synchron.)

# GEFRORENER STICKSTOFF

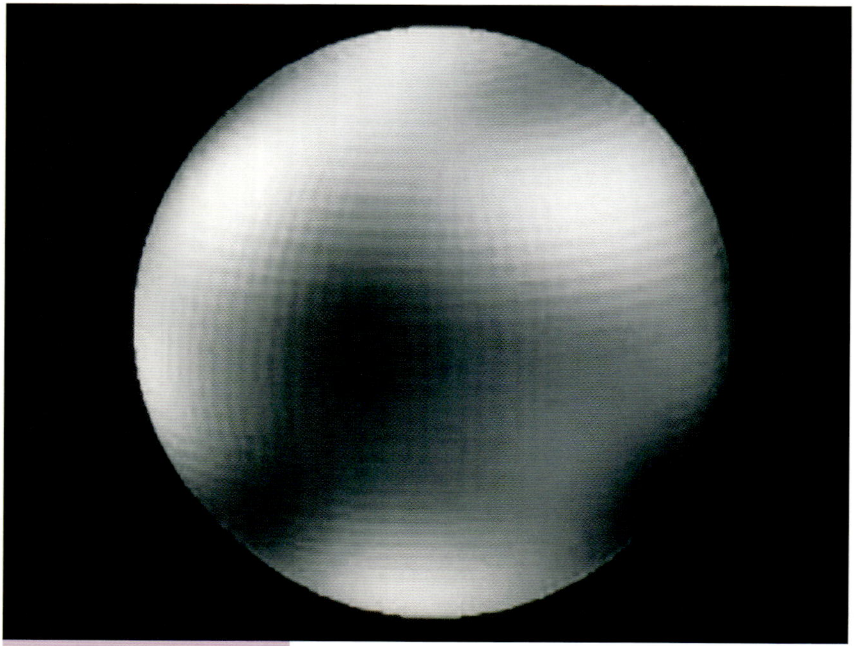

**OBEN:** Dieses Bild vom Pluto wurde bearbeitet, um die Helligkeitsunterschiede der Oberfläche zu verdeutlichen. Zwölf helle Gebiete wurden auf dem Planeten nachgewiesen, darunter eine große Eiskappe am Nordpol.

## PHYSIKALISCHE DATEN

**OBERFLÄCHENSCHWERKRAFT:** 0,8 m/s² (Wegen der geringen Schwerkraft erstreckt sich die Atmosphäre in größerer Höhe als auf der Erde.)

**TEMPERATUR:** –233 bis –223 °C

**ATMOSPHÄRE:** Stickstoff, Methan

**OBERFLÄCHE:** Stickstoffeis mit Verunreinigungen von Methan- und Kohlenmonoxideis (Der Pluto ähnelt in der Oberflächenzusammensetzung dem Neptunmond Triton.)

Der Pluto wurde noch nie von einer Sonde besucht. Seine exakten Eigenschaften sind also weitgehend unbekannt, und in Anbetracht der großen Sonnenferne lassen sich über sie nur schwer Vermutungen anstellen. Er reflektiert verhältnismäßig viel Sonnenlicht, was auf Eis- und Gesteinsschichten auf großen Teilen seiner Oberfläche hinweist. Wahrscheinlich besteht das Eis hauptsächlich aus Stickstoff mit etwas Methan und Spuren von Kohlenmonoxid. Wenn sich der Pluto dem Punkt seiner größten Sonnennähe innerhalb der Neptunbahn nähert, beginnt das Eis an der Oberfläche zu schmelzen und zu verdampfen, und es entsteht eine Stickstoffatmosphäre. Als er 2002 einen Stern bedeckte, stellte man überrascht eine Verdichtung der Atmosphäre fest, obwohl er sich außerhalb der Neptunbahn und von der Sonne weg bewegte. Ursache für diese unerwartete Aktivität ist vermutlich Wärme, die er während seiner Sonnennähe gespeichert hat.

# DER KUIPER-GÜRTEL

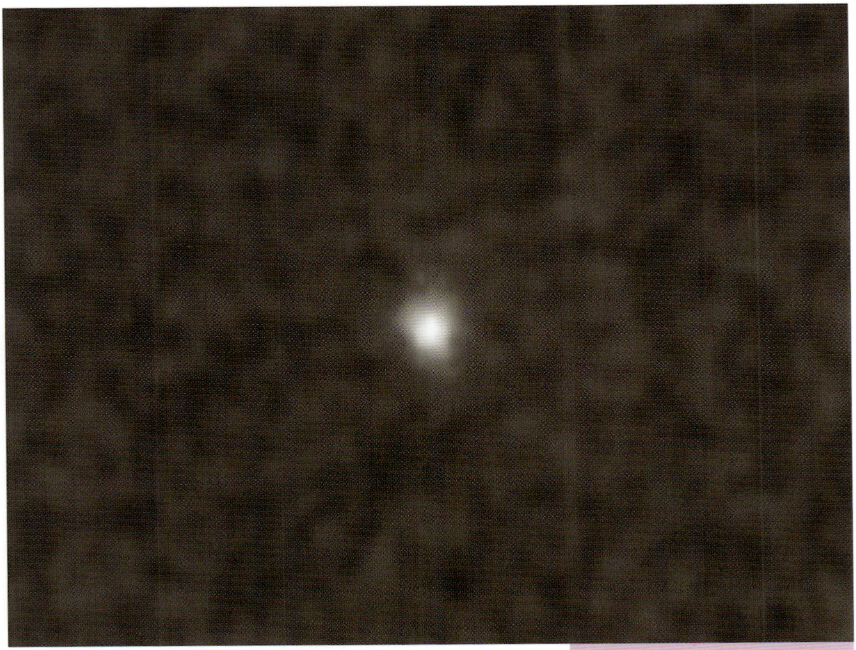

**OBEN:** Hubble-Bild von Sedna, einem großen Körper im Kuiper-Gürtel. Anhand des Bildes wird ein Durchmesser von höchstens 1600 km vermutet. Sedna kreist weit jenseits des neunten Planeten Pluto um die Sonne. Sedna wurde 2004 mit Teleskopen von der Erde aus entdeckt.

Nachdem der Pluto jahrelang im Sonnensystem als Außenseiter gegolten hatte, fand er zu seiner eigentlichen Rolle als Mitglied des Kuiper-Gürtels. Die Existenz eines Objektgürtels jenseits der Neptunbahn wurde zuerst von Gerard Peter Kuiper und dem irischen Astronomen Kenneth Edgeworth (1880–1972) angenommen, weshalb man manchmal vom Edgeworth-Kuiper-Gürtel spricht. Beide Forscher vermuteten jenseits des Neptun Bereiche, in denen sich kurzperiodische Kometen wie der Halleysche Komet aufhalten. Die Indizien verstärkten sich mit der Entdeckung eines kleinen Planetoiden jenseits der Plutobahn durch den amerikanischen Planetenforscher David Jewitt. Seitdem identifizierte man mehrere hundert transneptunische Objekte, viele tausende sind aber wohl noch unentdeckt. Die Objekte im Kuiper-Gürtel bilden ein Band oder einen Ring um die ekliptikale Ebene, in der sich die Planeten bewegen.

### PHYSIKALISCHE DATEN

**GERINGSTE ENTFERNUNG ZUR ERDE:** 4 290 000 000 km

**MITTLERE ENTFERNUNG ZUR SONNE:** 5 906 380 000 km (Erde: 150 000 000 km)

**MITTLERE BAHNGESCHWINDIGKEIT:** 5 km/s (Erde: 30 km/s)

# DIE DEBATTE UM DEN PLUTO

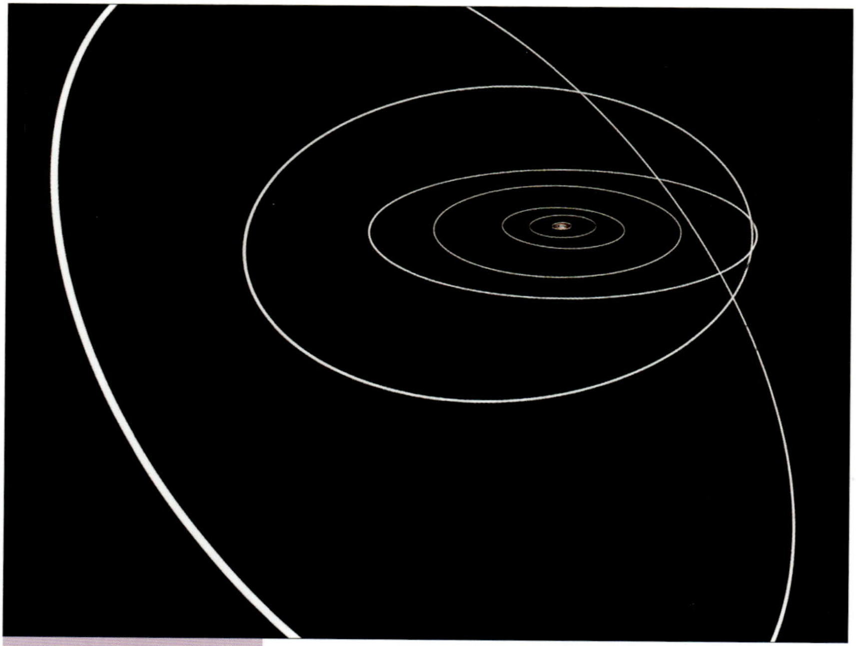

**OBEN:** Computergrafik der Bahn von 2003 UB313 (Xena; großes Oval), in dem man den zehnten Planeten vermutet. Die Bahnen der anderen neun Planeten sind ebenfalls dargestellt, die nächste ist die des Pluto. Die Erdbahn nahe der Sonne erscheint rot. Der Körper mit dem vorläufigen Namen 2003 UB313 misst 3000 km, ist damit größer als der Pluto und hat eine Umlaufperiode von 560 Jahren. Seine Entfernung zur Sonne schwankt zwischen der 38- bis 95fachen Erde-Sonne-Entfernung.

Obwohl die Entdeckung des Kuiper-Gürtels die Rolle des Pluto im Sonnensystem relativierte, war er doch das größte bekannte Objekt des Gürtels und behielt deshalb seinen Planetenstatus. Diesen stellte 2005 die Entdeckung eines großen transneptunischen Objekts auf zwei Jahre zuvor gemachten Aufnahmen erneut infrage. 2003 UB313 (Xena) hat einen Durchmesser von 3000 km und ist damit größer als Pluto. Es ist das am weitesten entfernte bekannte Objekt des Sonnensystems und hat eine Umlaufdauer von vermutlich 560 Jahren. Die IAU hat 2006 beschlossen, Pluto den Planetenstatus abzuerkennen, da man sonst 2003 UB313 ebenfalls als Planet bezeichnen müsste. Pluto soll der IAU zufolge fortan nur noch als Zwergplanet gelten. Allerdings gibt es regen Widerstand gegen den Beschluss der IAU, sodass hier noch Änderungen möglich sind. Anderen transneptunischen Objekten wird der Planetenstatus nicht gewährt werden, es sei denn, sie erreichen eine beträchtliche Größe.

# NEW HORIZONS

Immer mehr transneptunische Objekte werden alljährlich entdeckt. Im 21. Jahrhundert werden sie sich zu einem Schlüsselbereich der Forschung entwickeln. Als einziger Planet wurde der Pluto noch nie von einer Sonde untersucht, die erste ist aber bereits auf dem Weg: New Horizons startete Anfang 2006 und wird den Pluto nach neun Jahren erreichen. Die Zeit drängt, denn New Horizons soll beim Planeten eintreffen, bevor dessen Atmosphäre verschwindet, weil sie im Plutowinter einfriert. Die Sonde wird viele von Pluto und Charon aufgeworfene Fragen beantworten und danach einen Blick auf weitere Objekte im Kuiper-Gürtel werfen. Sie ist manövrierfähig und kann auf interessante Objekte zugesteuert werden. Nach einem Slingshot-Manöver am Jupiter wird die Mission uns neue Einblicke in diesen fernen Bereich des Sonnensystems ermöglichen.

**OBEN:** Abbildung des Pluto und seines Trabanten Charon. Rechts erkennt man die Sonne. Der Pluto wurde erstmals 1930 beobachtet.

**NEW HORIZONS:**

Am 19. Januar 2006 wurde die Sonde New Horizons mit einer Atlas-5-Rakete vom Kennedy-Raumfahrtzentrum in Florida gestartet. Das bisher schnellste Raumfahrzeug hatte nach nur neun Stunden bereits den Mond passiert und soll Mitte 2015 den Pluto erreichen.

# ASTEROIDEN, METEOROIDEN, KOMETEN

# EINE FRAGE DER GRÖSSE

**OBEN:** ein Marsmeteorit, aufgenommen von einem Marserkundungsroboter. Dies war der erste auf einem anderen Planeten gefundene Meteorit. Er ist etwas größer als ein Fußball und besteht hauptsächlich aus Eisen und Nickel.

**PHYSIKALISCHE DATEN**

**CERES**

**DURCHMESSER:** 960 x 932 km

**MASSE:** 8,7 x $10^{20}$ kg

**ROTATIONSDAUER:** 9 Stunden, 5 Minuten

**PALLAS**

**DURCHMESSER:** 570 x 525 x 482 km

**MASSE:** 3,2 x $10^{20}$ kg

**ROTATIONSDAUER:** 7 Stunden, 49 Minuten

Der Hauptunterschied zwischen Asteroiden und Meteoroiden liegt in der Größe, denn sie sind beide Klumpen aus Gestein und Metall. Meteoroiden haben einen Durchmesser von weniger als 50 m, Asteroiden sind dagegen größer. Wenn sich ein Meteoroid der Erde nähert, verglüht er in der Atmosphäre und bietet dabei als Sternschnuppe ein wunderschönes und normalerweise harmloses Schauspiel. Würde hingegen ein Asteroid auf die Erde aufschlagen, könnte er Ökosysteme zerstören und vielleicht sogar die Menschheit auslöschen. Das ist nicht nur graue Theorie: Heute vermutet man, dass für das Aussterben der Dinosaurier ein Asteroid verantwortlich gewesen sein könnte, der auf der mexikanischen Halbinsel Yukatan einen 300 km großen Einschlagkrater hinterließ.

# DER ASTEROIDENGÜRTEL

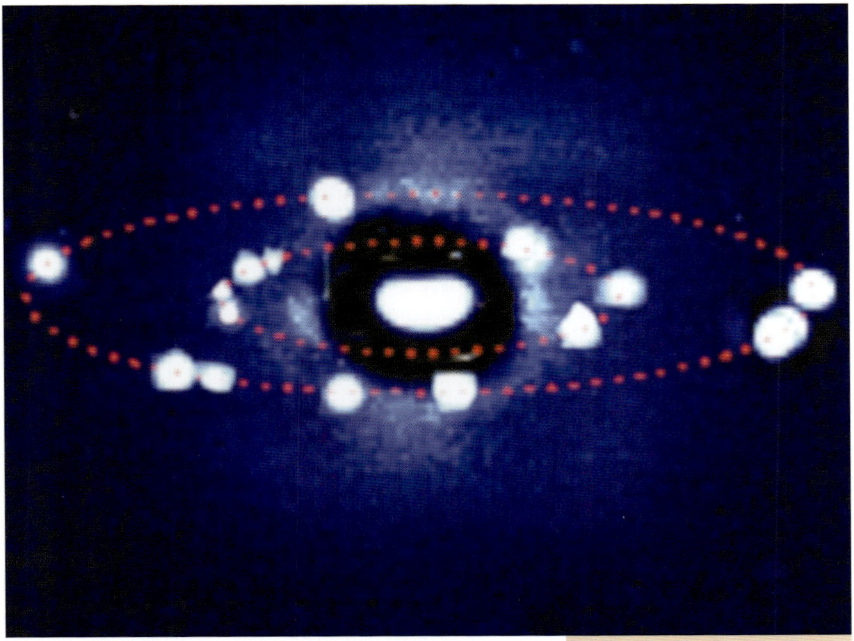

Zahlreiche Asteroiden des Sonnensystems befinden sich in einem als Asteroidengürtel bezeichneten Bereich zwischen Mars und Jupiter. Tausende Asteroiden sind bereits katalogisiert, und viele tausende werden sicher noch folgen. Als Ursprung des Asteroidengürtels vermutet man einen zerstörten Planeten: Später konnten sich die Metall- und Gesteinsbrocken nicht zu einem fünften terrestrischen Planeten zusammenschließen, weil die starke Gravitationsanziehung des Jupiter den Formierungsprozess unterbrach. Die meisten Asteroiden sind so klein, dass der aus ihnen entstandene Planet noch kleiner als der Mond gewesen wäre. Ceres, der erste Asteroid, der entdeckt wurde, erwies sich als der größte des Gürtels. Nachdem Anfang des 19. Jahrhunderts der zweite entdeckt wurde, schlug Friedrich Wilhelm Herschel für beide die Bezeichnung Asteroid (griechisch für sternartig) vor, da sie von der Erde aus eher Sternen als Planeten gleichen.

**OBEN:** Teleskopbild des Asteroiden (87) Sylvia und seiner Monde. Der äußere Mond Romulus wurde im Februar 2001 entdeckt, der Innenmond Remus im August 2005.

### PHYSIKALISCHE DATEN

**(87) SYLVIA**

**DURCHMESSER:** 260 km

**ROMULUS (ÄUSSERER MOND)**

**DURCHMESSER:** 18 km

**MITTLERE ENTFERNUNG VON (87) SYLVIA:** 1360 km

**REMUS (INNENMOND)**

**DURCHMESSER:** 7 km

**MITTLERE ENTFERNUNG VON (87) SYLVIA:** 710 km

# AUF KOLLISIONSKURS

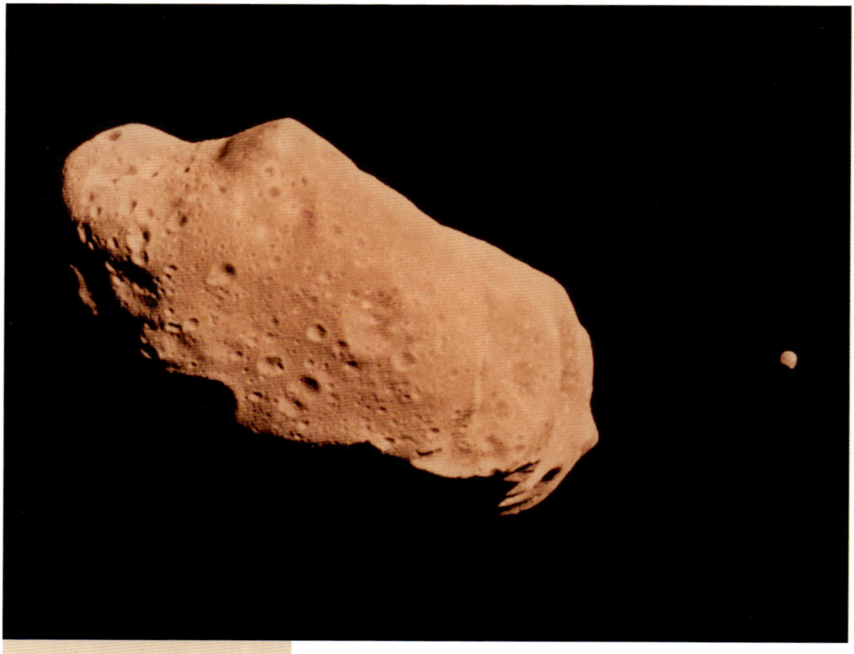

**OBEN:** Farbbild des Asteroiden (243) Ida und seines winzigen Mondes Dactyl. Mit diesem Bild konnte der erste Nachweis für einen Asteroidenmond geführt werden. Ida gehört zur Asteroidenfamilie Koronis.

**PHYSIKALISCHE DATEN**

**(243) IDA**

**DURCHMESSER:** 58 x 23 km

**MOND VON IDA (DACTYL)**

**DURCHMESSER:** 1,5 km

**ENTFERNUNG VON IDA:** 100 km

Die Asteroiden beschränken sich nicht allein auf den Asteroidengürtel, sondern finden sich überall im Sonnensystem. Trojaner gibt es in den Umlaufbahnen von Jupiter, Neptun und Mars, und auch mehrere transneptunische Objekte im Kuiper-Gürtel lassen sich als Asteroiden klassifizieren. Manche bewegen sich auf extrem elliptischen Bahnen um die Sonne – oft handelt es sich bei ihnen um Kometen, die ihre flüchtigen Gase und damit verbundenen festen Stoffe verloren haben. Sie kreuzen die Erdbahn und werden deshalb als Erdbahnkreuzer bezeichnet. Würden sich ein Asteroid und die Erde zufällig gleichzeitig dem Kreuzungspunkt ihrer Bahnen nähern, wäre ein Zusammenstoß unvermeidlich. Die aktuell größte Gefahr stellt der Asteroid 1950 DA dar, einen eventuellen Zusammenstoß hat man für den 16. März 2880 berechnet. Die Chancen stehen jedoch gut, dass neue Berechnungen folgen oder der Asteroid knapp die Erde verfehlt.

# ASTEROIDENSONDEN

Während des Kalten Krieges standen Asteroidensonden bei keiner der beiden Supermächte ganz oben auf der Liste ihres Weltraumprogramms, im Wesentlichen weil Asteroiden der Prestigefaktor fehlt, den Missionen zu anderen Planeten besitzen. Zu einem ersten Blitzbesuch kam es 1991, als die Sonde Galileo auf ihrem Weg zum Jupiter an dem Asteroiden Gaspra vorbeiflog. Fünf Jahre später startete die NASA mit NEAR (Near-Earth Asteroid Rendezvous) ihre erste, ausschließlich für einen Asteroiden bestimmte Sonde, in diesem Fall für Eros. Die Sonde kartierte ein Jahr lang Eros und übermittelte Basisinformationen über Größe, Form und Oberflächentemperaturen. Das Dunkel um den Asteroidengürtel wird sich hoffentlich dank der NASA-Sonde Dawn weiter lichten. Sie wird 2011 planmäßig Vesta erreichen und, so glaubt man, Hinweise auf vulkanische Aktivität übermitteln. 2015 soll sie dann bei Ceres eintreffen.

**OBEN:** der Asteroid (253) Mathilde, aufgenommen von der Sonde NEAR (Near-Earth Asteroid Rendezvous). Er gehört der Spektralklasse C an. Seine Oberfläche ist übersät mit großen Impaktkratern, der beschattete Krater in der Mitte ist etwa 10 km tief.

### PHYSIKALISCHE DATEN

**(253) MATHILDE**

**DURCHMESSER:** 66 x 48 x 46 km

**GERINGSTE ENTFERNUNG ZUR SONNE:** 290 000 000 km

**UMLAUFDAUER:** 4,3 Jahre

**ROTATIONSDAUER:** 17 Tage

# STERNSCHNUPPEN

**OBEN:** Ein Meteoroid tritt mit einer Geschwindigkeit von bis zu 100 km/s in die Erdatmosphäre ein. Der Luftwiderstand erhitzt den Brocken, er glüht auf und zeichnet sich als Lichtspur ab. Links oben erkennt man einen weiteren Meteor.

**ZEITTAFEL**

1801 – Der italienische Astronom Giuseppe Piazzi entdeckt den ersten und größten Asteroiden Ceres.

1802 – Der deutsche Astronom Heinrich Wilhelm Olbers entdeckt den zweiten Asteroiden Pallas.

1804 – K. Harding entdeckt den dritten Asteroiden Juno.

1991 – Erster Besuch bei einem Asteroiden (Gaspra) durch die Sonde Galileo auf ihrem Weg zum Jupiter.

1997 – Das Hubble-Weltraumteleskop kartografiert Vesta (drittgrößter Asteroid) und findet einen großen Einschlagkrater.

Wenn sich ein Meteoroid der Erde nähert, verglüht er in der oberen Atmosphäre und ruft eine spektakuläre Leuchterscheinung hervor, die Meteor genannt wird. Ein Meteoroid bewegt sich mit Überschallgeschwindigkeit fort, unter ihm verdichtet sich die Luft, und es entsteht Energie in Form von Hitze. Sie beraubt ihn seiner Elektronen – dies nennt man Ionisation –, weshalb er eine Lichtspur hinter sich herzieht. Die Ionisationsspur glüht für kurze Zeit am Himmel auf und hat den Meteoren auch den Namen Sternschnuppen eingebracht. Gelegentlich ist ein Meteor besonders hell, dann ist sein Meteoroid größer und stammt wahrscheinlich von einem Asteroiden oder sogar vom Mond oder Mars. Sehr helle Meteore werden Feuerkugeln oder Boliden genannt. Sie werden oft von einem Überschnallknall begleitet und hinterlassen beim Aufprall auf der Oberfläche einen Impaktkrater.

# METEORITENSCHAUER

Bei ihrem Umlauf um die Sonne ziehen Kometen eine Trümmerspur hinter sich her. Bei kurzperiodischen Kometen verbreiten sich die Trümmer im Lauf der Zeit gleichmäßig über die Bahn. Kreuzt die Erde eine solche Kometenbahn, „regnen" die Trümmer auf unseren Planeten herab. Die berühmtesten sind die Leoniden, die sich aus dem Kometen Tempel-Tuttle entwickelt haben und Mitte November auftreten, sowie die Perseiden, die vom Kometen Swift-Tuttle stammen und alljährlich ihren Höhepunkt am 12. August erreichen, aber bereits Ende Juli und Anfang August sichtbar sind. Mehr als 50 Meteoritenschauer treten im Lauf des Jahres auf. Die meisten sind eher schwach, aber es gibt auch mehrere stärkere Schauer zu bestaunen, etwa die Geminiden und die Ursiden im Dezember, die Orioniden Mitte Oktober und dann die Quadrantiden um den Jahresbeginn.

**OBEN:** Langzeitbelichtung von Leonidenmeteoren vor einem Sternenfeld. Der Streifen in der Mitte ist die Milchstraße. Der spektakuläre Leonidenschauer tritt alljährlich etwa zwei Tage um den 17. November herum auf, wenn die Erde die Trümmerspur des Kometen Tempel-Tuttle durchquert.

**METEORITENSCHAUER**

| NAME | KOMET | MONAT |
|---|---|---|
| Leoniden | Tempel-Tuttle | November |
| Perseiden | Swift-Tuttle | August |
| Geminiden | | Dezember |
| Ursiden | | Dezember |

# METEORITEN

Während die meisten Meteoroiden, die sich der Erde nähern, klein sind und in der oberen Atmosphäre zerfallen, erreichen manche die Erde. Meteoroidenreste, die bis zur Oberfläche gelangen, nennt man Meteoriten. Vor dem Raumfahrtzeitalter boten Meteoriten die einzige Möglichkeit, Material aus dem Weltraum zu analysieren. Die meisten Meteoriten stammen von Asteroiden oder Kometen, nur selten kommen sie vom Mond oder Mars. Weniger als 100 Mond- und nur 34 Marsmeteoriten sind heute bekannt. Erst 1982 stellten Wissenschaftler bei einigen Meteoriten die Herkunft von Mars und Mond fest. Der erste bekannte Marsmeteorit prallte 1815 in Chassigny im Nordosten Frankreichs auf, erkannt wurde sein Ursprung aber erst Ende des 20. Jahrhunderts. Der Meteorit Yamato 791197 aus dem Jahr 1979 ist der erste bekannte Mondmeteorit, damals wurde er jedoch nicht als solcher erkannt. Erst als zwei Jahre später bei dem in der Antarktis gefundenen Meteoriten Allan Hills 81005 der Ursprung vom Mond nachgewiesen wurde, konnte Yamato 791197 ebenfalls als Mondmeteorit klassifiziert werden.

**LINKS:** Luftaufnahme des Meteor Crater in den USA. Er wird auch nach dem Bergbauingenieur, der als Erster in ihm einen Meteoritenkrater vermutete, als Barringer Crater bezeichnet. Sein Alter wird auf 50 000 Jahre geschätzt. Der Krater befindet sich im Nordosten von Arizona nahe Winslow und ist etwa 200 m tief und hat einen Durchmesser von 1200 m.

# RIESIGE SCHNEEBÄLLE

**DER HALLEYSCHE KOMET**

**OBEN:** der Halleysche Komet, aufgenommen 1910 im Royal Observatory am Kap der Guten Hoffnung. Benannt wurde er nach Edmond Halley (1656–1742), der seine Wiederkehr vorausgesagt hatte. Der Komet wird seit 240 n. Chr. alle 76 Jahre beobachtet.

Trotz ihrer Schönheit galten Kometen vielen historischen Zivilisationen als Unglücksboten – durchaus nachvollziehbar, reihen sich die Sternschnuppen doch nicht in die Bewegungen anderer Objekte über den Nachthimmel ein, sondern tauchen scheinbar willkürlich vor dem Sternenhintergrund auf. Heute wissen wir wesentlich mehr über sie. Den Großteil der Kometenmasse macht der Kern aus. Er besteht aus Steinen, gefrorenen Gasen und Wassereis und ähnelt damit einem riesigen Schneeball. Den Kern umhüllt die Koma, eine Schicht aus Gasen und Staub. Wenn sich der Komet der Sonne nähert, beginnt Materie im Kern zu verdampfen. Die verdampfte Materie wird vom Sonnenwind mitgerissen und ruft die Kometenschweife hervor. Meist sind es zwei: Staubschweif und Ionenschweif. Der Staubschweif besteht aus dem Kometenkern entweichendem Staub und Eis. Er zieht eine mehrere Millionen Kilometer lange Trümmerspur hinter sich her. Der noch längere Ionenschweif ist wegen seiner dunkleren, bläulichen Farbe am Nachthimmel schwer zu erkennen. Die Gasteilchen in der Koma reagieren mit den Sonnenstrahlen und bilden Ionen, die sich unter Einwirkung des Sonnenwinds in einem Schweif sammeln.

# UMLAUFBAHNEN

Dass viele Kometen nach einer bestimmten Zeit wiederkehren, wusste man früher nicht. Erst der englische Astronom Edmond Halley erkannte 1705, dass es sich bei dem später nach ihm benannten Kometen nicht um mehrere, zufällig auftretende Kometen handelte, sondern um ein und denselben Körper, der auf seiner Sonnenumlaufbahn immer wieder an der Erde vorbeizieht.

Nach der Art ihrer Bahnformen unterscheidet man mehrere Kometenarten. Die Kometen der Jupiter-Familie bewegen sich auf einer Bahn zwischen Sonne und Jupiter mit relativ kurzen Umlaufzeiten von etwa fünf bis zehn Jahren. Kurzperiodische Kometen wie der Halleysche Komet erreichen ihr Aphel (sonnenfernster Punkt) im Kuiper-Gürtel. Langperiodische Kometen besitzen weit gestreckte Ellipsenbahnen. Ihre großen Exzentrizitäten beruhen darauf, dass sie bis zur Oortschen Wolke am Rand des Sonnensystems zurückkehren. Nur wenige langperiodische Kometen sind bekannt, weil sie wegen ihrer großen Sonnenferne selbst von den leistungsfähigsten Teleskopen nicht erfasst werden können.

**OBEN:** der Kern des Halleyschen Kometen, aufgenommen von der ESA-Sonde Giotto in der Nacht vom 13. auf den 14. März 1986. Er hat ungefähr die Form einer Kartoffel mit den Maßen 8,2 x 8,4 x 16 km und einer Masse von etwa 100 Milliarden t. An seinem linken Rand erkennt man deutlich Aktivität. Hier entsteht durch Sublimation des vom Sonnenlicht erhitzten Wassereises eine gasförmige Atmosphäre, die Koma. Die entweichenden Gase reißen Staubteilchen mit, die den Kometenschweif bilden.

# DEEP IMPACT

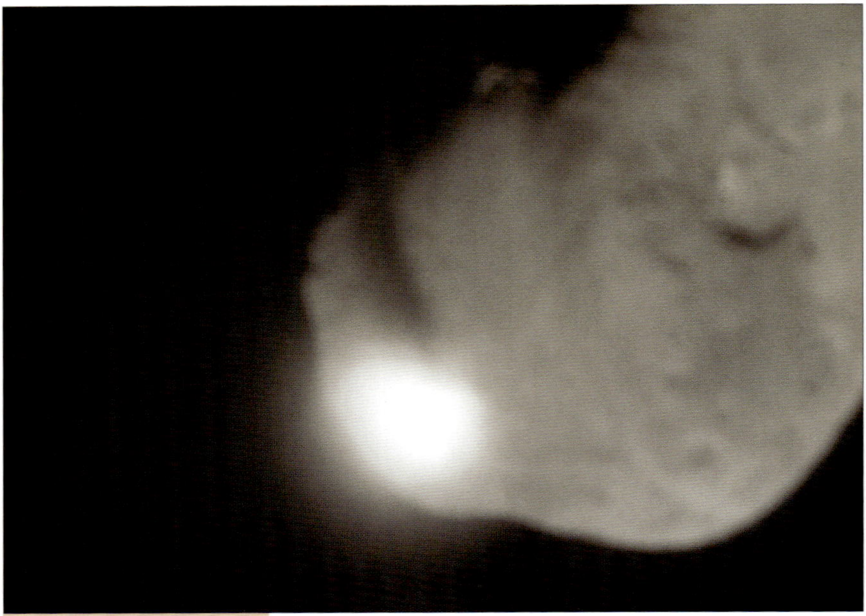

**OBEN:** Explosion (weiß) an der Kernoberfläche (grau) des Kometen 9 P/Tempel 1 nach dem Aufprall eines Projektils, das die Sonde Deep Impact auf ihn abgefeuert hatte. Durch den Aufschlag wurden große Materialmengen aus dem Kometeninneren herausgeschleudert.

Trotz unserer deutlich verbesserten Kenntnisse über Kometen bleibt vieles noch im Dunkeln. 2005 versuchte die NASA dem abzuhelfen und ließ ein Projektil der Sonde Deep Impact gezielt mit dem Kometen 9P/Tempel 1 kollidieren. Beabsichtigt war, einen Blick durch die verhüllende Koma zu werfen und so viel wie möglich über den Aufbau des Kerns herauszufinden. Man glaubt, dass Kometen Material enthalten, das sich seit Entstehen des Sonnensystems nicht verändert hat. Ein Blick in das Innere eines Kometen wäre daher ein Blick zurück in die Frühgeschichte des Sonnensystems – Tempel 1 als 4,6 Milliarden Jahre alte Zeitkapsel. Der Einschlag des Projektils ließ aus dem Kometen eine lange Rauchfahne von ähnlicher Konsistenz wie Talkum aufsteigen. Die Analysen der Missionsbefunde werden uns einen tiefen Einblick in den inneren Aufbau von Kometenkernen gewähren. Weitere Erkenntnisse wird die europäische Sonde Rosetta liefern. 2014 soll sie den Lander Philae auf der Oberfläche des Kometen Tschurjumow-Gerasimenko absetzen.

# HALE-BOPP

Im Juli 1995 wurde der Komet von den Amerikanern Alan Hale und Thomas Bopp unabhängig voneinander entdeckt. Er ließ sich im Frühsommer 1996 mit bloßem Auge am Himmel ausmachen und bot für viele Monate einen spektakulären Anblick, besonders während seiner größten Annäherung an die Sonne im April 1997. Hale-Bopp ließ sich selbst in Bereichen mit Lichtverschmutzung leicht am Himmel ausmachen. Seine Langlebigkeit sicherte ihm die globale Aufmerksamkeit von Astronomen und Öffentlichkeit gleichermaßen. Astronomen identifizierten bei ihm sogar einen dritten Schweif aus Natrium. Die letzten Beobachtungen des Kometen mit bloßem Auge waren im Dezember 1997 möglich, damit war er insgesamt mehr als 18 Monate ohne Teleskop sichtbar, doppelt so lang wie der bisherige Rekordhalter.

**OBEN:** optisches Bild des Kometen Hale-Bopp über Bäumen. Kometen besitzen einen Kern aus Eis und Staub. Bei Annäherung an die Sonne verdampft die Oberfläche und erzeugt Schweife von vielen Millionen km Länge. Der Gas- oder Ionenschweif (blau) besteht aus ionisiertem glühendem Gas, das vom Sonnenwind aus dem Kometenkopf mitgerissen wird. Den Staubschweif (weiß) bilden hingegen Staubkörnchen, die vom Strahlungsdruck der Sonne vom Kopf weggeblasen werden. Die Aufnahme entstand am 6. April 1997 bei Wesel am Niederrhein.

### PHYSIKALISCHE DATEN VON HALE-BOPP

**DURCHMESSER:** ca. 40 km

**UMLAUFDAUER:** 11 Stunden, 24 Minuten

**LÄNGE DES SCHWEIFS:** 80–90 Millionen km

**GERINGSTE ENTFERNUNG ZUR ERDE:** 196 000 000 km

# STERNE

# ENTSTEHUNG

**OBEN:** der Rote Zwerg Proxima Centauri (Mitte). In seiner oberen Atmosphäre finden explosionsartige Helligkeitsausbrüche (Flares, rot) statt. Verursacht werden sie von der geringen Sternmasse, die nur ein Zehntel der Sonnenmasse beträgt. Die nukleare Fusion läuft sehr langsam ab und erzeugt eine turbulente, konvektive Bewegung im gesamten Sterninneren. Die Bewegung speichert magnetische Energie, die dann explosionsartig freigesetzt wird. Die Aufnahme entstand am 7. Mai 2000 durch das Spektrometer ACIS (Advanced CCD Imaging Spectrometer) an Bord des Chandra-Röntgenobservatoriums der NASA.

Interstellarer Wasserstoff findet sich nicht überall im Universum in gleicher Dichte, sondern tritt in Materieansammlungen auf, die sich durch Gravitation verdichten. Sie bilden molekulare Wolken, die Ausgangsposition für neue Sterne. Nach Jahrmillionen stört eine bislang unbekannte Kraft die große Wolke und lässt sie in kleinere „Gasklumpen" zerfallen, aus denen ein Protostern entsteht. Der Protostern ist die Vorstufe der Sternentwicklung, während der sich die inneren Kräfte und die Schwerkraft um ein Gleichgewicht bemühen. Protosterne sind nur schwer optisch wahrzunehmen, weil sie von dicken Gas- und Staubschichten verhüllt werden. Sie können zwischen 100000 und 10 Millionen Jahre existieren. Während dieser Zeit rotiert der Protostern sehr rasch und erzeugt intensive Wärme und Druck, was die Wolke weiter kollabieren lässt und dazu führt, dass sich Wasserstoff in seinem Inneren ansammelt. Schließlich nehmen Temperatur und Druck so stark zu, dass die Wasserstofffusion beginnen kann – ein Stern ist geboren.

# PROTOSTERN

Anfangs kann ein Protostern einen Durchmesser von mehreren Milliarden Kilometern haben. Vor Beginn der Kernfusion zieht er sich unter dem Einfluss des auf ihn ausgeübten Gravitationsdrucks zusammen. Mit der Kernfusion beginnt auch eine elektromagnetische Strahlung, die die Gravitationskraft ausgleicht und dazu führt, dass der Stern sich ausdehnt. Wird er dann zu massereich, unterliegt die Strahlung der Gravitationskraft, die die Oberhand zurückgewinnt, der Stern kontrahiert, bis sein Oberflächenbereich so klein wird, dass der Strahlungsdruck erneut die Gravitationskraft übersteigt. Danach beginnt der Prozess wieder von neuem, bis der Stern schließlich ins Gleichgewicht kommt. Die instabile Periode nennt man die T-Tauri-Phase, weil der Stern T-Tauri zur Zeit seiner Entdeckung diesem Prozess unterlag. Beobachten lässt sie sich, weil der Energieausstoß im Lauf der Zeit erheblich schwankt.

**OBEN:** Lichtspuren von Sternen über einem See. Sie entstanden durch Langzeitbelichtung und verdeutlichen die durch die Erdrotation bewirkte scheinbare Bewegung der Sterne.

**VORHERGEHENDE DOPPELSEITE:** ein leuchtendes Sternenfeld. Die Abbildung ist auf das Sternbild Kreuz des Südens (Crux australis) zentriert und zeigt einen Bereich unserer Galaxis, die Milchstraße, mit besonders vielen Sternhaufen, dunklen und hellen (rosa) Sternennebeln. Die vier hellen Sterne in der Mitte oben bilden ein markantes Kreuz.

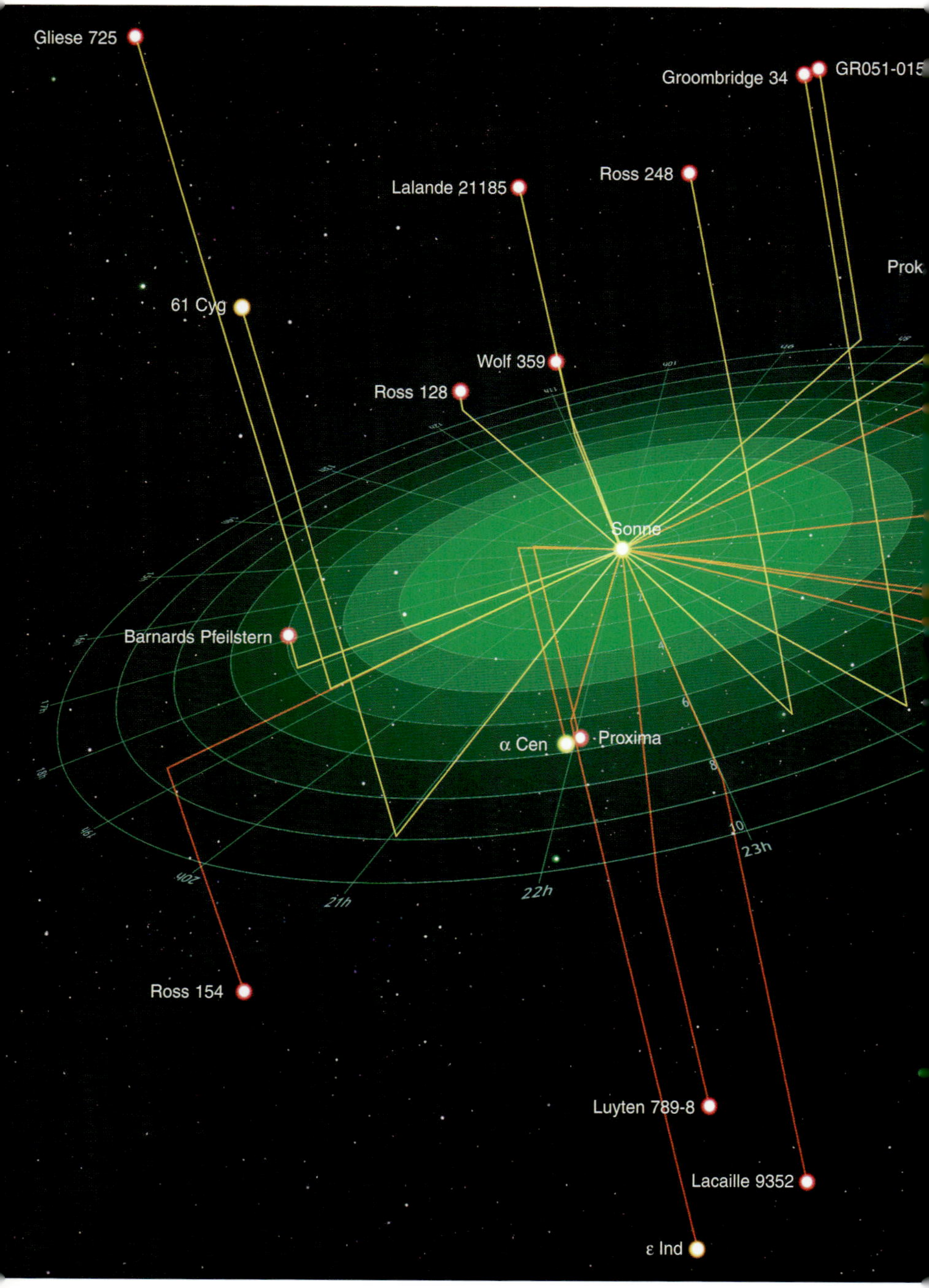
Gliese 725
Groombridge 34
GR051-015
Lalande 21185
Ross 248
Prok
61 Cyg
Wolf 359
Ross 128
Sonne
Barnards Pfeilstern
α Cen
Proxima
21h
22h
23h
Ross 154
Luyten 789-8
Lacaille 9352
ε Ind

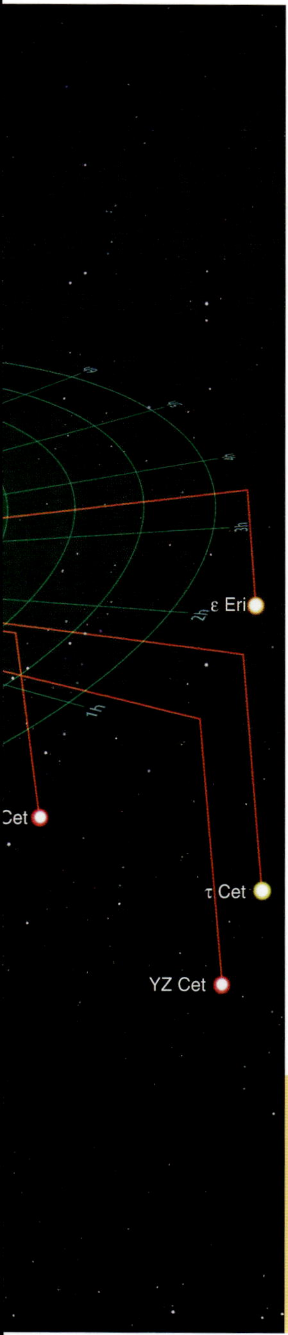


# WASSERSTOFFFUSION

Sobald die Temperaturen im Kern hoch genug sind, setzt die Wasserstofffusion ein. Bei diesem Vorgang wird Wasserstoff in Helium umgewandelt und dabei eine kleine Menge Energie freigesetzt. In einem Sternenkern vollzieht sich der Vorgang in jeder Sekunde millionenfach und erzeugt unglaubliche Energiemengen. Als die beiden Wissenschaftler Ejnar Hertzsprung (1873–1967) und Henry Russell (1877–1957) unabhängig voneinander ein Diagramm erstellten und die Sterne nach ihrer Temperatur und Leuchtkraft ordneten, zeigte sich, dass die Sterne, die Energie durch Wasserstofffusion produzierten, alle auf einem Streifen versammelt waren. Dieser Streifen wird als Hauptreihe bezeichnet, und alle in ihrer Wasserstoffbrennphase befindlichen Sterne gehören ihr an. Die meisten Sterne, die wir sehen, befinden sich auf der Hauptreihe. Sie stellt die längste und stabilste Periode im Leben eines Sternes dar.

Die Masse eines Sternes bestimmt, wie lange er auf der Hauptreihe bleibt. Massereiche Sterne haben meist ein „wildes“, aber kurzes Leben und verbrauchen im Gegensatz zu weniger massereichen Sternen ihren Wasserstoffvorrat rasch.

Die Masse eines Sternes wirkt sich auf seine Temperatur und Lebenserwartung aus. Während weniger massereiche Sterne Temperaturen von weniger als 3000 °C haben, können massereiche Sterne heißer als 30 000 °C werden. Unsere Sonne hat relativ wenig Masse und eine Oberflächentemperatur von knapp 6000 °C. Die Temperatur eines Sternes beeinflusst seine Farbe. Die heißesten leuchten blau oder weiß, die kälteren rot. Sterne mit gemäßigten Temperaturen, darunter auch unsere Sonne, leuchten gelb und orange.

**LINKS:** 20 Sternsysteme mit den 30 sonnennächsten Sternen. Die konzentrischen Kreise sind jeweils ein Lichtjahr voneinander entfernt – der äußere hat eine Entfernung von zehn Lichtjahren von der Sonne (Mitte) –, und die Striche zeigen die Position der Sterne oberhalb (gelb) oder unterhalb (rot) des Himmelsäquators an. Die nächstgelegenen Sterne gehören zum Alpha-Centauri-System (unter der Sonne). Die Farben verweisen auf den Sterntyp (sonnenartige Sterne sind gelb).

# MISSGLÜCKTE STERNE

**OBEN:** galaktisches Zentrum der Milchstraße vom Sternbild Schlange bis zum Skorpion. Unsere Galaxie hat eine Masse zwischen 750 Milliarden und einer Billion Sonnenmassen und einen Durchmesser von 100 000 Lichtjahren.

Manchmal wird der Protostern nicht heiß genug, um die Wasserstofffusion auszulösen. In diesem Fall wird er wegen seiner stumpfen rotbraunen Farbe Brauner Zwerg genannt. Temperatur und Druck reichen nicht aus, um die Kernfusion im Inneren des Sternes in Gang zu setzen. Braune Zwerge können maximal die 80fache Jupitermasse haben, denn sind sie größer, beginnt aufgrund der Masse die Wasserstofffusion. Im Gegensatz zu den meisten Strahlungsformen, die erst nach Beginn des Fusionsprozesses entstehen, wird Infrarotstrahlung bereits vorher emittiert, noch während der Stern unter dem Einfluss der Schwerkraft kontrahiert. Dank dieser Infrarotstrahlung konnten Wissenschaftler Braune Zwerge entdecken, die optisch fast nicht wahrnehmbar sind. Seit der Entdeckung des ersten Braunen Zwergs, Gliese 229 B, im Jahr 1995 wurden nur noch wenige aufgespürt. Die Existenz von Braunen Zwergen ist normalerweise schwer nachzuweisen, weil sie oft in Doppelsystemen auftreten. Damit verknüpft sich stets die Kontroverse, ob ein potenzieller Kandidat wirklich ein Brauner Zwerg ist oder einfach ein sehr großer Planet. Der Hauptunterschied liegt in der Entstehungsweise: Sterne verdichten sich aus interplanetarischem Nebel, während sich Planeten durch Akkretion bilden, also durch das Ansammeln kleiner Partikeln, die jene neugeborenen Sterne umgeben.

# STERBENDE STERNE

Wenn im Inneren eines Sternes kein Wasserstoff mehr in Helium umgewandelt wird, verlässt er die Hauptreihe, und sein Todeskampf beginnt. Das zu Beginn des Sternlebens so mühsam erkämpfte Gleichgewicht geht mit dem Ende des Strahlungsausstoßes verloren, und der Stern kontrahiert unter dem gravitativen Einfluss. Die bei diesem Kollaps erzeugte Energie erhitzt die Sternatmosphäre, in der sich noch Wasserstoff befindet. In der Folge wird sie so heiß und dicht, dass dieser Wasserstoffvorrat ebenfalls fusioniert. Dabei bläht sich der Stern zu einem Riesen auf. Mit zunehmender Oberfläche kühlt er sich ab und färbt sich rot – die meisten Riesensterne sind Rote Riesen wie Arcturus, der dritthellste Stern am Himmel. In vermutlich sechs Milliarden Jahren wird unsere Sonne zu einem Roten Riesen werden. Zwar ist die Temperatur in der Atmosphäre von Riesensternen, in denen die Wasserstofffusion abläuft, sehr hoch, doch im Kern sind Temperatur und Druck wesentlich höher und betragen mehr als 100 Millionen °C. Bei diesen Temperaturen kann die Fusion von Heliumkernen ablaufen. Dabei entsteht Kohlenstoff und Sauerstoff.

**OBEN:** Lichtecho eines explodierenden Sterns. Das Bild, aufgenommen vom Hubble-Weltraumteleskop, zeigt die beleuchtete Staubhülle um den Stern V838 Monocerotis, der im Januar 2002 kurzzeitig zum hellsten Stern in der Milchstraße wurde. Das Licht dieses Ausbruchs wird von Staubschwaden reflektiert, die wahrscheinlich von einem früheren Ausbruch stammen. Dadurch ist es möglich, die Struktur der Staubschicht zu beobachten.

# PLANETARISCHE NEBEL

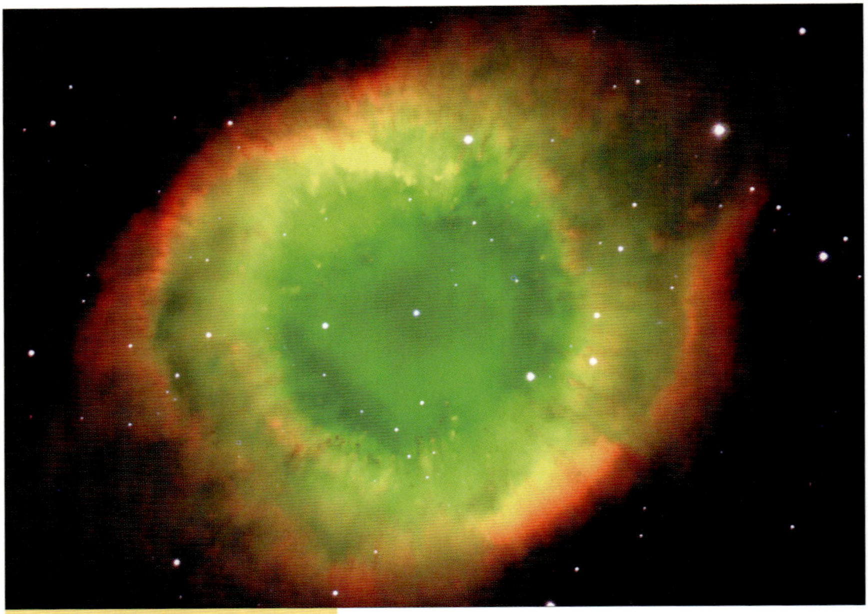

**OBEN:** bearbeitetes optisches Bild des Helixnebels oder NGC 7293. Er stellt den erdnächsten planetarischen Nebel dar und befindet sich etwa 450 Lichtjahre von uns entfernt im Sternbild Wassermann. Planetarische Nebel bestehen aus Schalen aus Gas, das von der Oberfläche eines sterbenden Sternes abgestoßen wurde. Es wird von der Strahlung aus dem Stern ionisiert und beginnt zu leuchten. Die irreführende Bezeichnung geht zurück auf ihr Erscheinungsbild durch frühe Teleskope.

Die Heliumfusion dauert mehrere Milliarden Jahre an, bis das Helium verbraucht ist. Die Kerntemperaturen in Riesensternen steigen nie hoch genug, um den Kohlenstoff und den Sauerstoff zu fusionieren. Die Sterne erzeugen keine Energie mehr und stoßen ihre verbliebene Materie und Strahlung in den Weltraum ab. Dieser Vorgang manifestiert sich im gesamten elektromagnetischen Spektrum. Gamma-, Röntgen-, Ultraviolett- und Infrarotstrahlung werden abgegeben und können von der Erde aus erfasst werden. Der Ablauf eines solchen Vorgangs zeigt sich im sichtbaren Teil des Spektrums als ein eindrucksvoller planetarischer Nebel. Diese Bezeichnung ist eigentlich irreführend: Friedrich Wilhelm Herschel prägte sie ursprünglich, weil er die Erscheinungen für Nebel hielt, die den planetaren Gasriesen ähneln. Erst später erkannte man, dass es sich bei ihnen um sterbende Sterne handelt.

# WEISSE ZWERGE

Nachdem der Stern seine äußere Hülle abgestoßen hat, verbleibt nur sein Kern aus Kohlenstoff und Sauerstoff. Unter dem Einfluss der Gravitation kontrahiert er, bis die Atome so dicht wie überhaupt möglich komprimiert sind. Die Elektronen werden regelrecht gegen den Atomkern gepresst und beginnen, einander abzustoßen. Diese am Ende ihrer Entwicklung angelangten Sterne werden Weiße Zwerge genannt. Bei ihnen ist extrem viel Materie auf einem winzigen Oberflächenbereich zusammengepackt. Jede verbleibende Energie und Wärme wird vom Weißen Zwerg aufgebraucht, bis er einen rötlichen Farbton annimmt und schließlich „verschwindet", denn er ist für uns nicht mehr auffindbar, auch wenn der Sternenkörper immer noch existiert. Da dieser Vorgang Milliarden Jahre dauert und das Universum höchstens 15 Milliarden Jahre alt ist, sind selbst die ältesten Weißen Zwerge noch wahrnehmbar.

**OBEN:** der Tod unserer Sonne. In fünf Milliarden Jahren wird sie einen planetarischen Nebel bilden. Abgestoßenes Gas (purpur) strömt von der sterbenden Sonne (Mitte oben) in Richtung der leblosen Erde (unten rechts) und des Mondes (unten links). Diese Phase der Sonne folgt auf das Stadium des Roten Riesen. Wenn ihr nuklearer Treibstoff verbraucht ist, stößt sie die äußeren Schichten ab. Der Rest kühlt ab und wird zu einem Weißen Zwerg.

# SUPERNOVA

Eine Supernova ist eine Sternexplosion, allerdings viel heller und intensiver als eine Nova und von der Erde aus problemlos sichtbar. Supernovae entstehen auf zwei Arten und werden danach in Typ I und Typ II untergliedert. Supernovae vom Typ I treten unter ähnlichen Umständen wie eine Nova auf. Diese entsteht, wenn sich ein Weißer Zwerg mit einem größeren Stern um einen gemeinsamen Schwerpunkt bewegt, d. h. mit ihm ein Doppelsternsystem bildet. Mittels Gravitationsanziehung zieht der Weiße Zwerg Wasserstoff von seinem Partnerstern zu sich. Die daran beteiligte Gravitationskraft lässt noch einmal eine Wasserstofffusion in der den Weißen Zwerg umgebenden Schale ablaufen. Der gesamte Wasserstoff wird sehr schnell umgesetzt, was einen kurzlebigen extremen Helligkeitsausbruch hervorruft. Der Vorgang wiederholt sich über mehrere Jahre, bis dem Begleiter des Weißen Zwerges der Wasserstoff ausgeht oder die Nova so gewaltig ist, dass der Stern dabei vernichtet wird. Wenn ein Weißer Zwerg eine übergroße Menge Wasserstoffgas von seinem Partnerstern akkretiert hat, beginnt er zu kollabieren und wird in einer ungeheuren Explosion, einer Supernova, vernichtet.

Nachdem Sterne ihren gesamten Wasserstoff verbrannt haben, verlassen sie die Hauptreihe, verwandeln sich in Rote Riesen, und es beginnt die Fusion von Helium zu Kohlenstoff und Sauerstoff. Eine Ausnahme bilden Sterne, die schon auf der Hauptreihe Riesen sind. Sie schwellen zu Überriesen an und sind in der Lage, Helium und anschließend ebenfalls Kohlenstoff und Sauerstoff zu fusionieren. Sauerstoffkerne verschmelzen zu Neon und dieses wiederum zu Magnesium. Im Zuge des Prozesses entsteht Silizium aus Magnesium und dann Eisen aus Silizium. Wenn schließlich ein Eisenkern entstanden ist, erzeugt der Fusionsvorgang keine Energie mehr, deshalb wird das Eisen nicht fusioniert. Hat sich der Kern eines Überriesen in Eisen verwandelt, ist er am Ende seines Weges angelangt. Der Stern kollabiert unter den kolossalen, in dem schweren Eisenkern entfesselten Gravitationskräften. Der schnelle Kollaps mündet in einer Explosion vom Typ II, bei der ein erheblicher Teil der Sternmasse in einer Schockwelle abgestoßen wird. Die Energie, die bei einer Supernova erzeugt wird, ist so groß, dass die Eisenfusion schließlich einsetzt. Ihr verdanken wir Elemente, die schwerer sind als Eisen.

**LINKE SEITE:** optisches Bild des Krebsnebels, der auch Messier 1 genannt wird. Der Nebel ist der Überrest einer 1054 beobachteten Supernova und besteht hauptsächlich aus Wasserstoffgas. Er befindet sich 6000 Lichtjahre von der Erde entfernt im Sternbild Stier.

### BEDEUTENDE SUPERNOVAE

1054 – Chinesische Astronomen beobachten eine Supernova im Sternbild Kassiopeia.

1572 – Der dänische Astronom Tycho Brahe entdeckt eine weitere Supernova in der Kassiopeia.

1604 – Johannes Kepler berichtet von einer Supernova im Schlangenträger, die nach ihm Keplers Stern genannt wird. Sie ist die letzte im Milchstraßensystem beobachtete Sternexplosion.

1987 – Eine Supernova in der Großen Magellanschen Wolke ist mit bloßem Auge am südlichen Himmel auszumachen.

# NEUTRONENSTERN

**OBEN:** Darstellung zum Konzept der Raumkrümmung. Unsere Sonne (unten links) verformt das als Raster wiedergegebene Gewebe des Raumes kaum. Ein kleiner Neutronenstern mit größerer Dichte und Masse (Mitte unten) bewirkt eine leichte Verformung. Die enorme Gravitationsanziehung eines Schwarzen Loches (unten rechts) schafft einen gähnenden Abgrund, der das Gewebe des Raumes noch bis zu einer Entfernung von mehreren Lichtjahren verformt. Die Vorstellung der Krümmung des Raumes durch Schwerkraft ergibt sich aus der Relativitätstheorie. Das Raumraster ist einer dünnen Gummimatte vergleichbar, auf der unterschiedlich schwere Objekte kleinere oder größere Dellen hervorrufen.

Nach einer Supernova bleibt nur noch der Sternenkern übrig, dessen weiteres Schicksal von seiner Masse abhängt. Nur Kerne mit 1,4- bis 3facher Sonnenmasse werden zu Neutronensternen. Den Grenzwert von 1,4 Sonnenmassen berechnete der indische Astronom Subrahmanyan Chandrasekhar, sie wird nach ihm als Chandrasekhar-Grenze bezeichnet. In einem Weißen Zwerg kann der Kern aufgrund der Elektronenabstoßung nicht weiter kollabieren. Bei mehr als 1,4 Sonnenmassen jedoch würden die Gravitationskräfte für das Überwinden der kritischen Grenze ausreichen. Die negativ geladenen Elektronen werden in den Atomkern hineingepresst, wo sie mit den positiv geladenen Protonen kollidieren und einen neutralen Neutronenkern übrig lassen. Die Gravitationskräfte reichen danach bei diesen Sternen für das Fortsetzen des Kollapses nicht aus und werden durch die nach außen gerichteten Kräfte der Neutronen kompensiert. Neutronensterne sind ungewöhnlich klein und haben einen durchschnittlichen Durchmesser von nur 20 km. Auf diesem kleinen Bereich ist eine Masse, die mindestens 1,4-mal so groß wie unsere Sonne ist, konzentriert.

# SCHWARZES LOCH

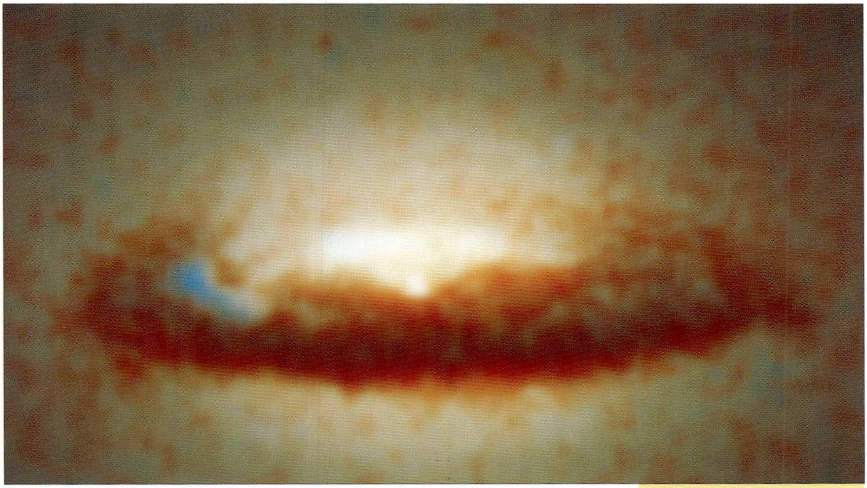

**OBEN:** optisches Bild eines massereichen Schwarzen Loches im Zentrum der elliptischen Galaxie NGC 7052. Die Galaxie ist umgeben von einer Staubscheibe mit einem Durchmesser von 3700 Lichtjahren (braun). Der helle Fleck (weiß, Mitte) ist Licht von Sternen, die sich aufgrund seiner mächtigen Gravitationsanziehung um das Schwarze Loch drängen. Das Schwarze Loch hat etwa 300 Millionen Sonnenmassen. Die Scheibe rotiert mit 550000 km/h. Der Staub stammt wohl von einem frühen Galaxienzusammenstoß. NGC 7052 im Sternbild Fuchs ist 191 Millionen Lichtjahre von der Erde entfernt.

Hat der kollabierende Stern drei oder sogar mehr Sonnenmassen, schreitet der Kollaps wegen der hohen Gravitation unaufhaltsam fort, selbst die Neutronen werden komprimiert. Das Ergebnis ist ein Schwarzes Loch. Die Masse des Sternes kollabiert in einem unendlich kleinen Punkt, der Singularität. Wegen der hohen Massekonzentration ist das Gravitationsfeld des Schwarzen Loches so gewaltig, dass die Geschwindigkeit, die ein Objekt aufbringen müsste, um ihm zu entfliehen, größer sein müsste als die Lichtgeschwindigkeit (300000 km/s). Diese ist aber die höchste erreichbare Geschwindigkeit im Sonnensystem, folglich kann nicht einmal Licht einem Schwarzen Loch entkommen. Deshalb lässt sich dieses Phänomen auch nicht optisch oder durch andere Emissionen im Bereich des elektromagnetischen Spektrums wahrnehmen. Für das Aufspüren eines Schwarzen Loches können nur indirekte Methoden angewandt werden. Die meisten Sterne treten als Doppelsternsysteme auf und kreisen um einen gemeinsamen Schwerpunkt. Entdeckt man also einen Stern, der um einen Punkt ohne jede Strahlung kreist, handelt es sich vermutlich um einen binären Stern, dessen Partnerstern zu einem Schwarzen Loch geworden ist. Einen weiteren Anhaltspunkt bieten Akkretionsscheiben aus Material, das in Richtung des Schwarzen Loches gezogen wird und oft vom Partnerstern eines Doppelsternsystems stammt.

# STERNBILDER

Die Himmelsbeobachtung war für die Menschen des Altertums von unschätzbarer Bedeutung und diente dem Messen, Berechnen und Vorhersagen von Jahreszyklen und längeren Zeiträumen. Die Astronomen aller frühen Zivilisationen erkannten Muster in den Sternen, mithilfe deren sie sich räumlich und zeitlich orientierten. Vielleicht wurden die Sterne zwangsläufig wegen ihrer ewigen, scheinbar unveränderlichen Natur eng mit den jeweiligen Göttern in Verbindung gebracht oder sogar mit diesen identifiziert. Sterne und Sternenmuster wurden in Mythologien integriert, die die Heldentaten der Gottheiten und deren Beziehung zu den Menschen behandeln, und deshalb sind viele Sternbilder nach Gestalten und Wesen in jenen alten Mythen benannt.

Auf der unveränderlichen Natur der Sterne und ihrer Verbindung mit den Göttern gründet die Überzeugung, dass sie das Schicksal von Individuen und Gesellschaften beherrschen. Frühe Astrologen, die wir heute als Astronomen und damit als Wissenschaftler bezeichnen würden, bemühten sich, mithilfe der Position von Sternen und Sternbildern die Zukunft vorherzusagen. Am bekanntesten ist der Tierkreis, ein Kalender aus Sternbildern, die im Lauf des Jahres am nördlichen Himmel erscheinen. Auch heute noch existiert der Glaube, dass das zur Zeit der Geburt dominierende Sternbild Charakter und Schicksal einer Person bestimmt.

Im Westen ist die Wissenschaft stark von der griechischen und römischen Tradition geprägt, und daher haben viele der international anerkannten Stern- und Sternbildnamen dort ihren Ursprung. Hier werden einige wenige Sternbilder mit Angaben zur Position am Nachthimmel vorgestellt. Die meisten erscheinen am nördlichen Himmel, nur einige lassen sich ausschließlich am südlichen Himmel beobachten, etwa das Kreuz des Südens. Beim Betrachten eines Sternbilds sollte man bedenken, dass die einzelnen Sterne unter Umständen Millionen Lichtjahre voneinander entfernt sind, obwohl sie von der Erde aus gesehen in derselben Himmelsregion liegen.

# AQUARIUS

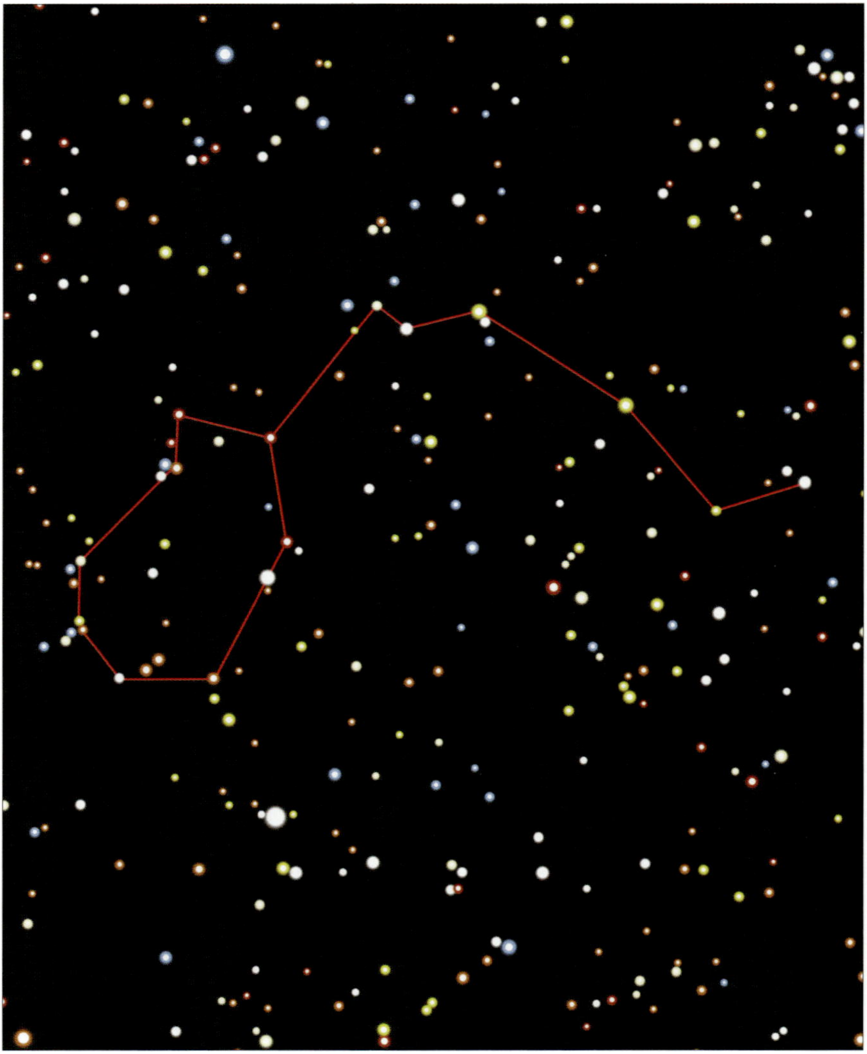

**WASSERMANN**

**OBEN:** Der Wassermann ist das elfte der zwölf Tierkreiszeichen. Er ist ein ausgedehntes Sternbild am südlichen Himmel. Die gesamte Himmelsregion, in der er liegt, wurde im Altertum mit Wasser assoziiert. Die Völker Babyloniens nannten die Region „das Meer" und bevölkerten sie mit Wasserwesen wie Wal, Fischen, Steinbock (Ziegenfisch) und Delfin, die alle vom Wassermann beherrscht werden. Die ägyptische Hieroglyphe für Wasser entspricht dem astrologischen Zeichen des Wassermanns.

# ARIES

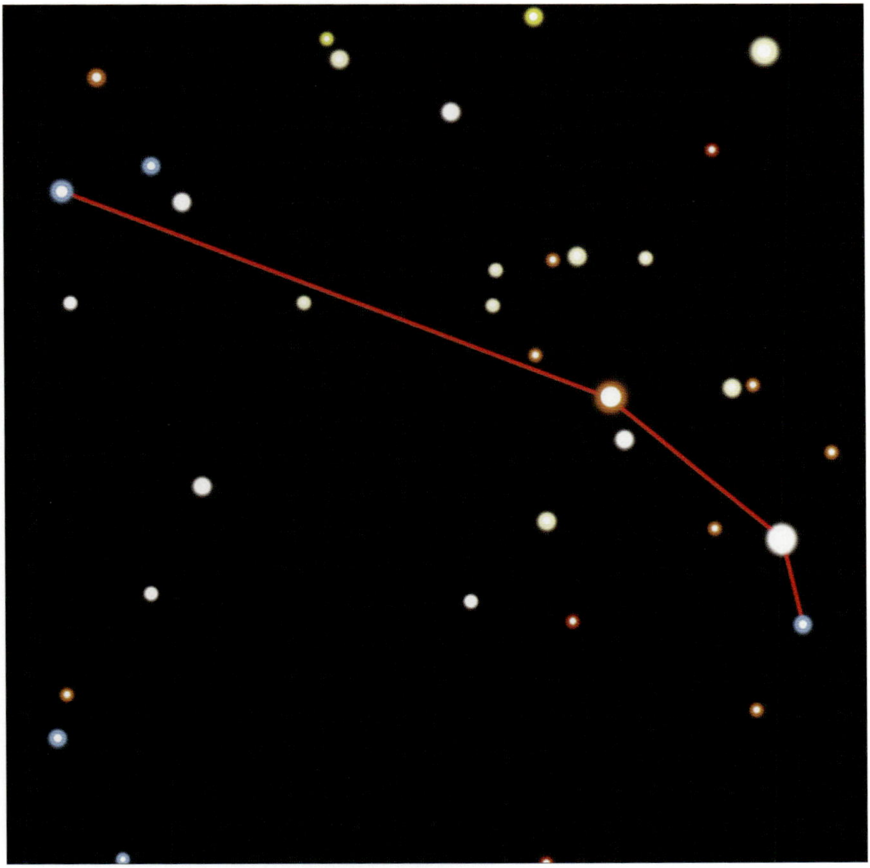

## WIDDER

**OBEN:** Der Widder ist das erste der zwölf Tierkreiszeichen, weil im Altertum die Sonne in diesem Sternbild den Himmelsäquator durchquerte. Inzwischen hat sich der so genannte Frühlingspunkt aufgrund der Verlagerung der Rotationsachse der Erde (Präzession) in das Sternbild Fische verlagert. Die Griechen brachten den Widder mit der Heldensage um die Argonauten und das Goldene Vlies in Verbindung. Die Chinesen nannten ihn Hund, und er gehörte zu einem größeren Sternbild, das Stier und Zwillinge einschloss.

## CRUX AUSTRALIS – KREUZ DES SÜDENS

(Vorhergehende Doppelseite)

Der dunkle Fleck in der Mitte wird Kohlensack genannt. Es handelt sich um eine nahe gelegene Dunkelwolke, die das Licht der hellen Milchstraße hinter sich verdeckt. Der helle Stern links vom Kreuz direkt über dem Kohlensack ist Mimosa (Beta Crucis). Rechts vom Kohlensack befindet sich Acrux (Alpha Crucis) am Fuß des Kreuzes. Der helle Stern ganz links ist Hadar (Beta Centauri) im benachbarten Sternbild Zentaur. Das Kreuz erkennt man am besten am südlichen Herbsthimmel.

# GEMINI

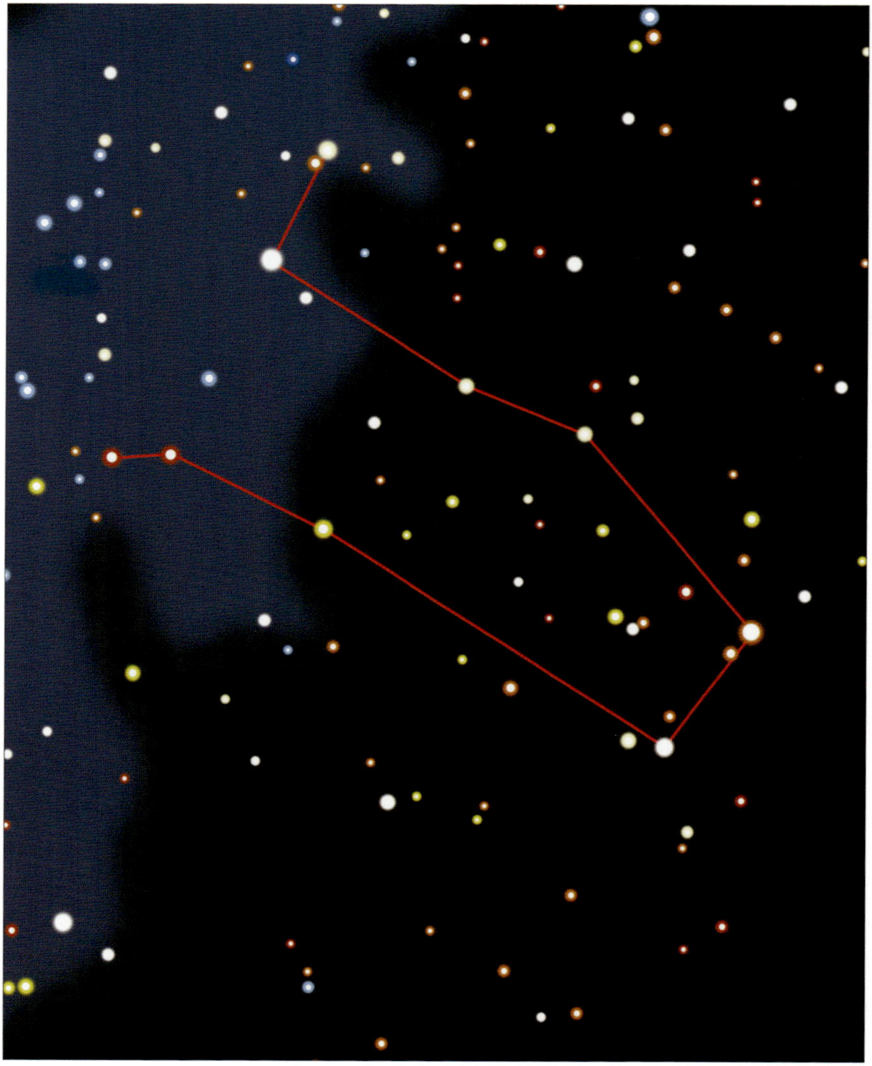

**ZWILLINGE**

**OBEN:** Die Zwillinge sind die beiden Hauptsterne unten rechts im Sternbild, mit Pollux (Beta Geminorum) oben rechts und Castor (Alpha Geminorum) unten links. In der antiken Mythologie sind sie die Söhne von Leda. Sie waren unzertrennlich und durften – da Castor sterblich, Pollux aber unsterblich war – nach ihrem irdischen Dasein gemeinsam jeweils einen Tag bei den Göttern und in der Unterwelt zubringen.

# LEO

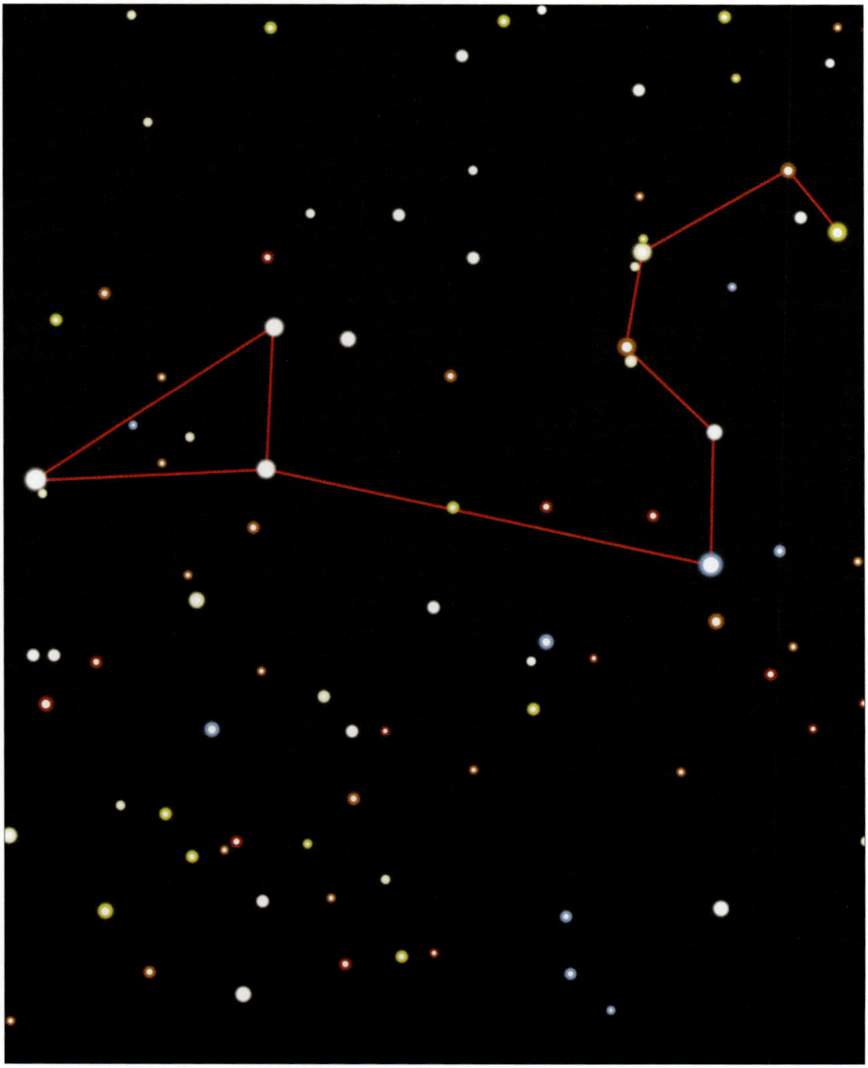

## LÖWE

**OBEN:** Der Löwe ist das fünfte der zwölf Tierkreiszeichen. Die Sterne des Löwen bilden zwei Gruppen, ein Dreieck für die Hinterbeine und den Schwanz sowie eine sichelartige Form für Kopf und Mähne. Die griechische Mythologie sah in ihm den Nemeischen Löwen, den Herakles erwürgt hatte. Regulus (Alpha Leonis), den hellsten Stern des Sternbilds, findet man am Fuß der Sichel.

# ORION

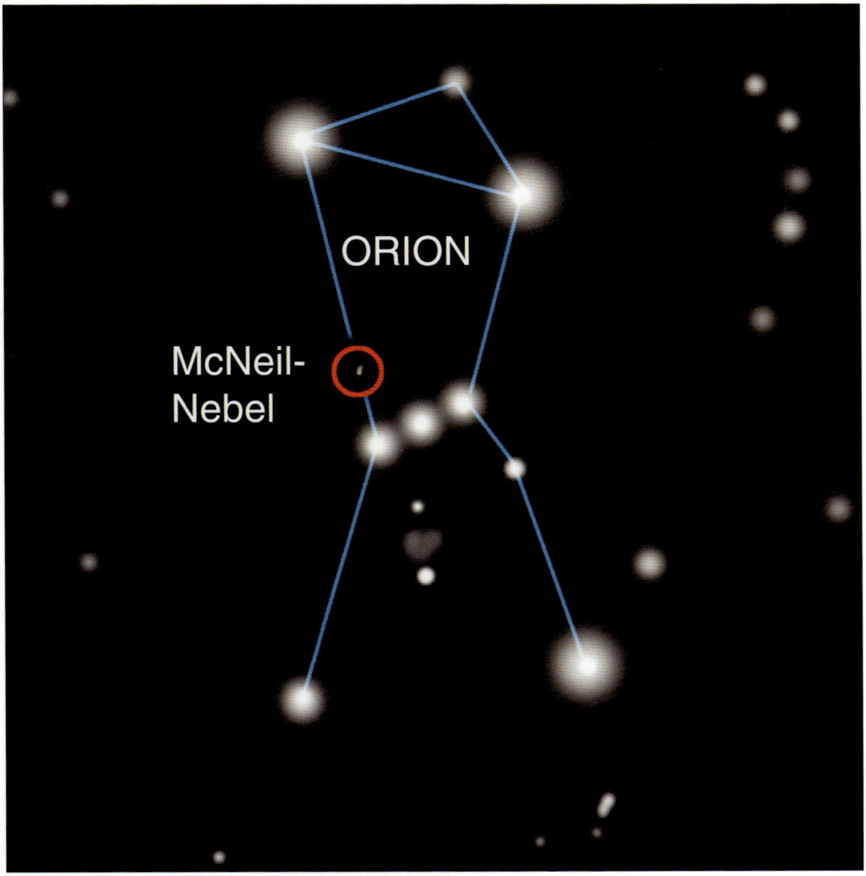


**LINKE SEITE:** Das auffälligste Merkmal des Sternbilds Orion ist der Oriongürtel, eine Folge von drei hellen Sternen (Mitte links). Von links nach rechts sind dies Alnitak, Alnilam und Mintaka (Zeta, Epsilon und Delta Orionis). Oben links erkennt man den roten Überriesen Beteigeuze (Alpha Orionis), unten rechts den blauen Überriesen Rigel (Beta Orionis). Direkt unterhalb des Gürtels erscheint als rosa Fleck der Orionnebel. Der Oriongürtel sitzt rittlings auf dem Himmelsäquator, sodass das Sternbild auf beiden Erdhälften gleich gut zu beobachten ist.

**OBEN:** Diagramm von Sternen und anderen Objekten im Sternbild Orion, einer Konstellation der Äquatorzone. Das Sternbild ist leicht an den drei in einer Reihe stehenden Sternen zu erkennen, die die Gürtelsterne darstellen. Das markierte Objekt ist der erst im Januar 2004 entdeckte McNeil-Nebel (Mitte). Es handelt sich um einen veränderlichen Nebel, denn die Helligkeit des Sternes an seiner Spitze wechselt. Der Nebel bildet eine Gas- und Staubwolke um den Stern und ist etwa 1500 Lichtjahre von der Erde entfernt.

# PISCES

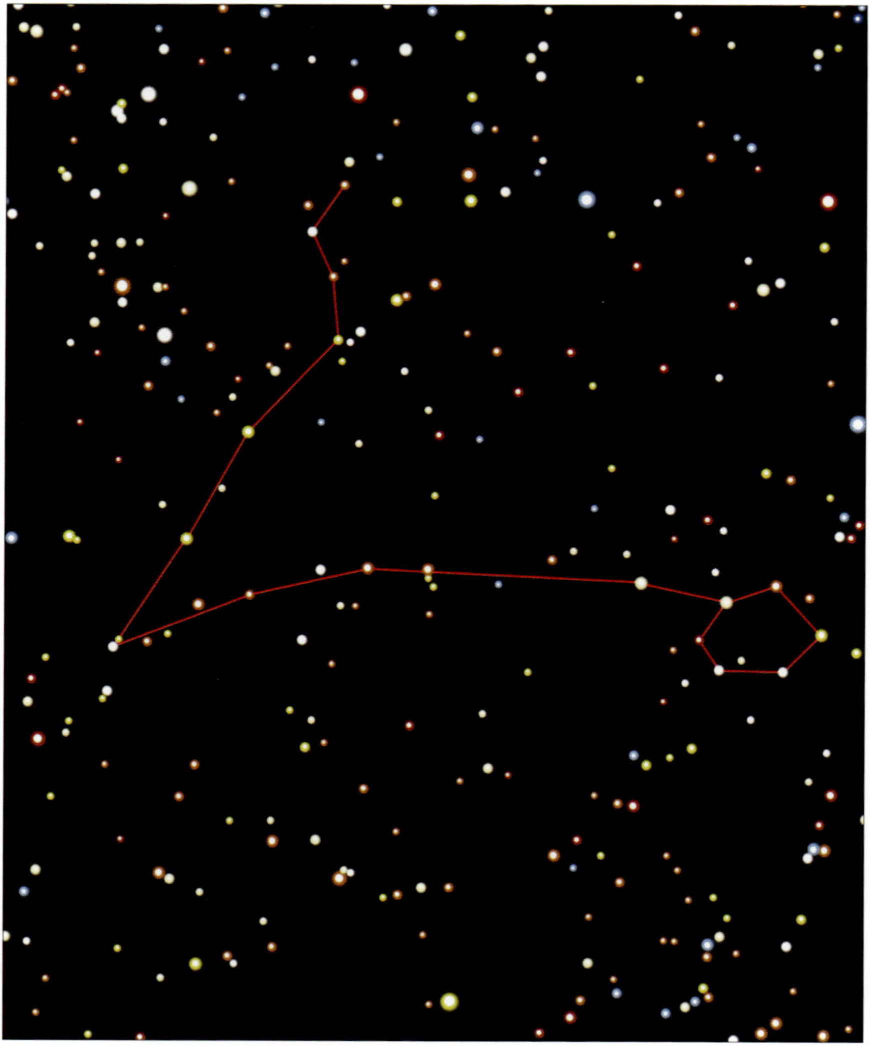

**FISCHE**

**OBEN:** Die Fische, das zwölfte der zwölf Tierkreiszeichen, sind ein großes, aber eher unauffälliges Sternbild. Es tritt in der Antike in Form von ein oder zwei Fischen auf. In der klassischen Mythologie stellen die beiden Fische Aphrodite und ihren Sohn Eros dar, die vor dem Angriff des Ungeheuers Typhon in den Fluss Euphrat flohen. Sie verwandelten sich in Fische und wurden zu einem Sternbild am Himmel.

# SAGITTARIUS

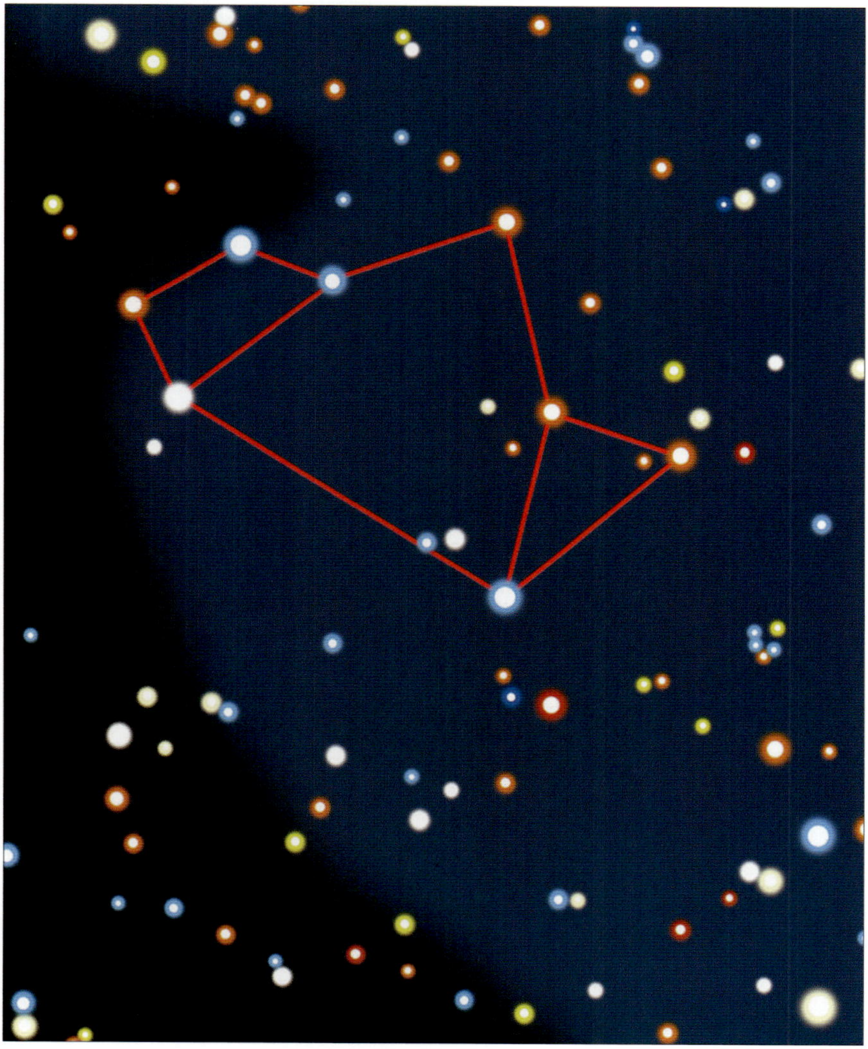

**SCHÜTZE**

**OBEN:** Der Schütze liegt zwischen Skorpion und Steinbock. Er ist ein großes Sternbild am südlichen Himmel und enthält helle Milchstraßenwolken (grau), in deren Richtung das Zentrum unserer Galaxie liegt. Der Schütze erscheint als Zentaur mit Pfeil und Bogen und zielt auf den Stern Antares im Herzen des Sternbilds Skorpion. In der Vergangenheit wurde das Sternbild als menschlicher Bogenschütze dargestellt, bei den Ägyptern auch als Löwe.

# CAPRICORNUS

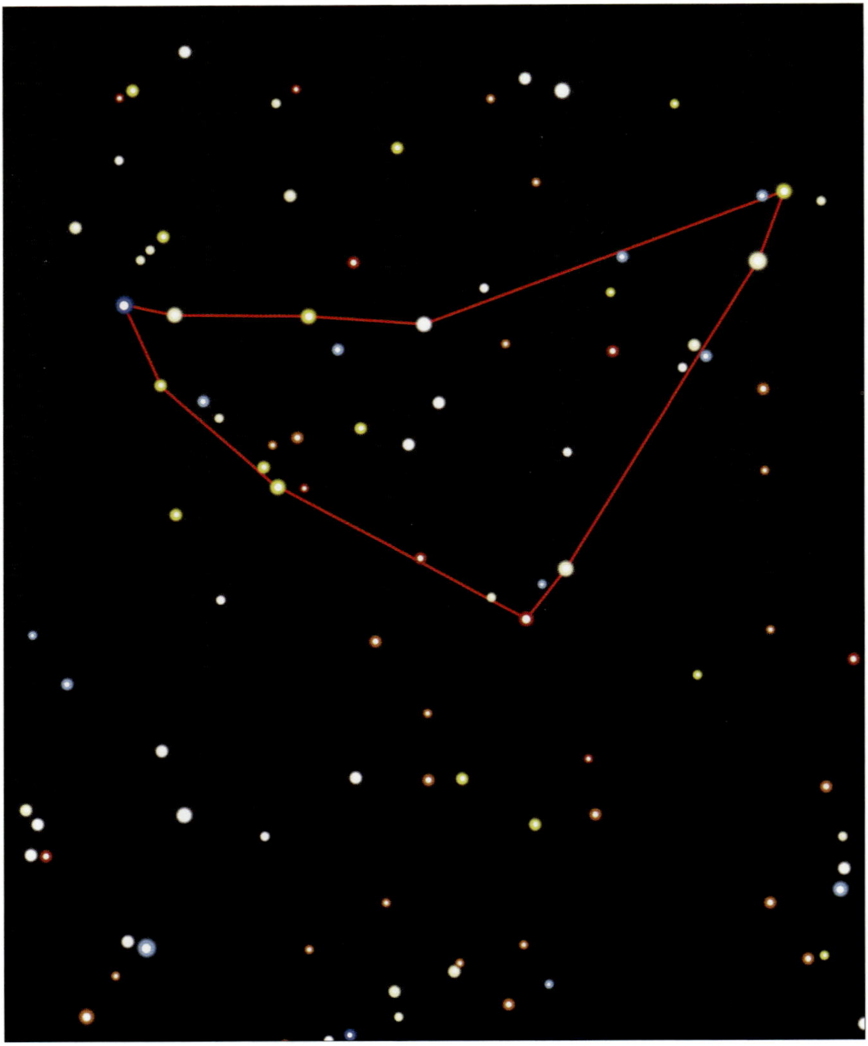

**STEINBOCK**

**OBEN:** Der Steinbock (in Babylonien auch Ziegenfisch) liegt direkt südlich des Himmelsäquators, ist aber an frühen Herbstabenden auch für Beobachter auf der Nordhalbkugel sichtbar. Er ist eines der zwölf Tierkreiszeichen und befindet sich zwischen Wassermann und Schütze. Nach der griechischen Mythologie floh der bockshörnige Gott Pan vor dem Ungeheuer Typhon ins Meer, konnte sich aber nur halb in einen Fisch verwandeln.

# SCORPIUS

**SKORPION**

**OBEN:** Der Skorpion liegt zwischen Schütze und Waage. Er stellt ein wichtiges Sommersternbild für Beobachter der nördlichen Hemisphäre dar, da er viele helle Sterne und Sternhaufen, Nebel und Sternenstaub der Milchstraße enthält. In der klassischen Mythologie tötete der Skorpion mit seinem Stich den Jäger Orion, und die Götter setzten die beiden Sternbilder auf einander entgegengesetzte Himmelsbereiche.

# TAURUS

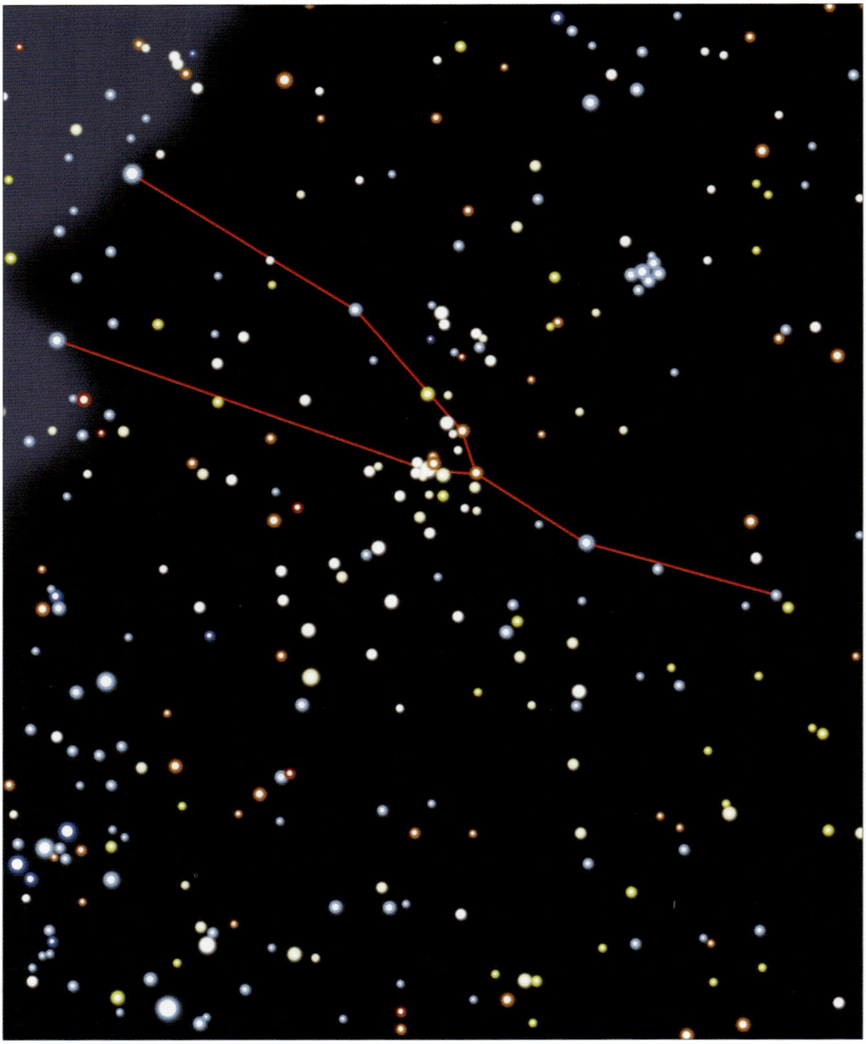

**STIER**

**OBEN:** Der Stier ist das zweite der zwölf Tierkreiszeichen. Auffälligstes Merkmal des Stiers ist das v-förmige Gebilde, das der Sternhaufen der Hyaden im Bereich der Stierhörner bildet. Der Stier ist ein sehr altes Sternbild, das möglicherweise auf die Stierkulte der frühen Mittelmeerkulturen zurückgeht. In der griechischen Mythologie entführte der Stier die schöne Europa und entpuppte sich dann als Göttervater Zeus.

# VIRGO

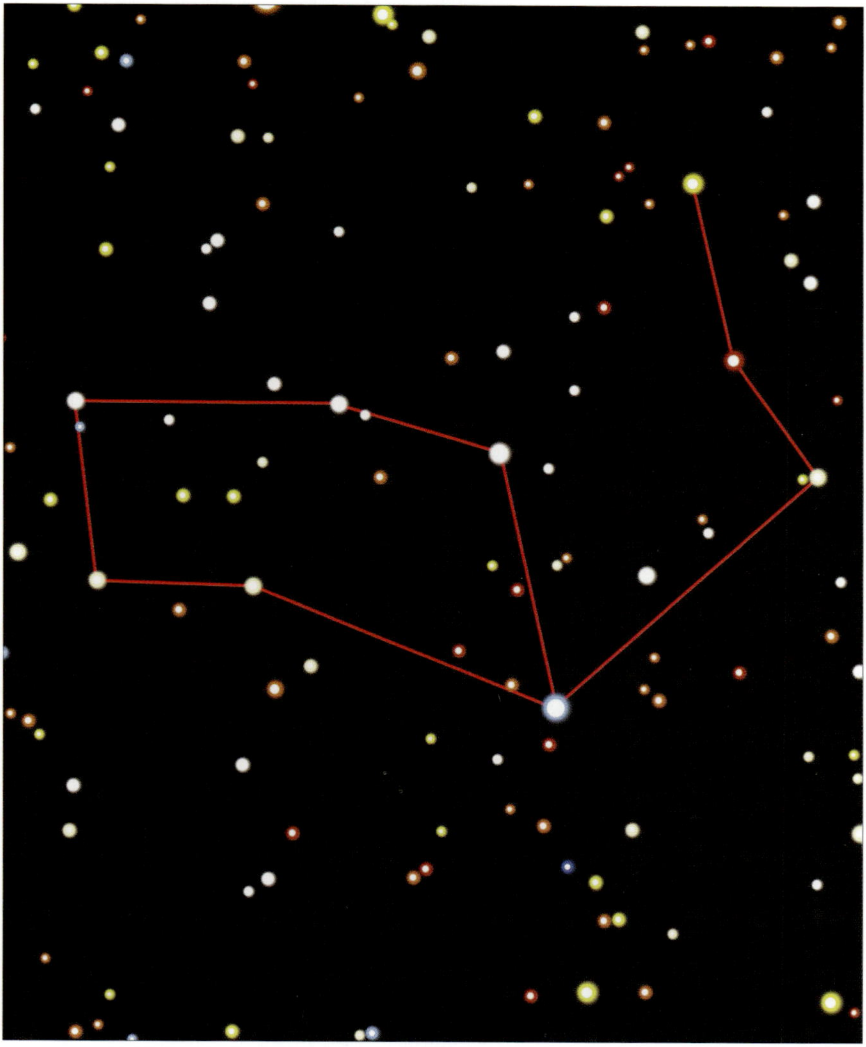

**JUNGFRAU**

**OBEN:** Die Jungfrau ist ein mit einer Muttergottheit verbundenes, altes und astrologisch wichtiges Sternbild. In Indien galt es als das Mädchen Kanya, die Mutter Krishnas, in Babylon als Ischtar, die Göttin des Kampfes und der Liebe, und in Ägypten als die Göttin Isis. In Griechenland und Rom stellte sie Astraea dar, die jungfräuliche Göttin der Gerechtigkeit, Tochter des Zeus und der Themis.

# LIBRA

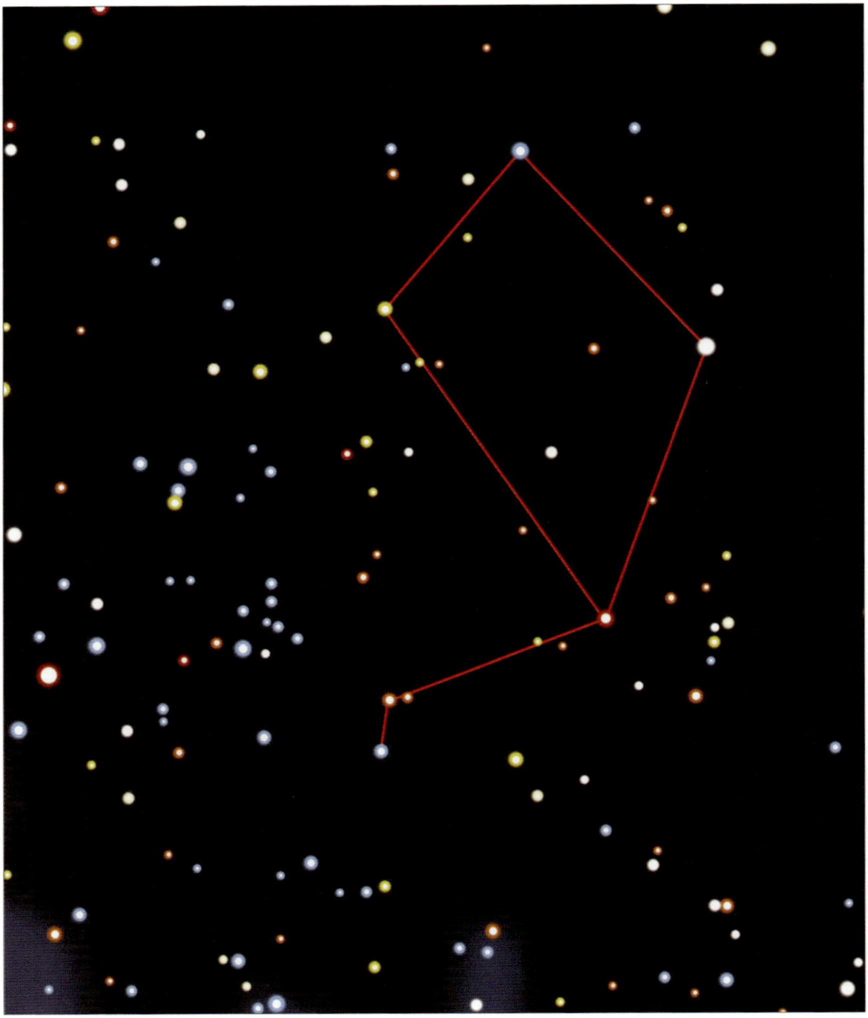

**WAAGE**

**OBEN:** Die Waage ist ein relativ unauffälliges Sternbild am südlichen Himmel. Der heutige Name ist eine Schöpfung aus römischer Zeit, zuvor bildete sie mit dem Skorpion die Doppelkonstellation Skorpion mit Scheren. Die Waage hieß in Indien und bei den Sumerern Himmelswaage.

# NÖRDLICHER HIMMELSPOL

**OBEN:** optisches Bild der Sterne am nördlichen Himmelspol. Diesen markiert der Polarstern Stella Polaris (Alpha Ursae Minoris, Mitte oben) im Sternbild des Kleinen Bären. Ganz rechts erkennt man drei der hellen Sterne des Großen Wagens (Teil des Großen Bären). Um den Kleinen Bären zeichnet sich das schwache Sternbild des Drachen ab. Den Kopf des Drachen bildet das Sternenviereck links unten. Der hellste von ihnen ist der orange Stern Etamin (Gamma Draconis), der direkt links von dem weißen Stern Rastaban (Beta Draconis) steht; Rastaban ist Arabisch und bedeutet „Kopf der Schlange".

# URSA MAJOR

**GROSSER BÄR**

**OBEN:** Hier erkennt man den Großen Bären, das drittgrößte Sternbild. Man findet ihn am nördlichen Himmel. Der Bereich oben links wird auch als Großer Wagen bezeichnet und gilt als Teilsternbild. Der Große Wagen bildet Rücken und Schwanz des Bären, während Kopf und Beine von schwächeren Sternen oben rechts und am unteren Rand markiert werden.

# CANIS MAJOR

**GROSSER HUND**

**OBEN:** Oben rechts befindet sich Sirius (Alpha Canis Majoris), der hellste Stern am Himmel. Er ist ein blauweißer Stern und nur 8,6 Lichtjahre von der Erde entfernt. Unten rechts erkennt man den zweithellsten Stern am Himmel, Canopus (Alpha Carinae) im Sternbild Kiel des Schiffes. Canopus ist etwa 310 Lichtjahre von der Erde entfernt. Der Große Hund ist ein Wintersternbild der nördlichen Hemisphäre.

# CANCER

**KREBS**

**OBEN:** Der Krebs ist ein relativ unauffälliges Sternbild. In der griechischen Mythologie wurde der Krebs mit Herakles in Verbindung gebracht. Von der Göttin Hera entsandt, kniff der Krebs den Helden in den Fuß, während dieser mit der vielköpfigen Hydra kämpfte. Herakles zertrat den Krebs, und Hera setzte ihn als Sternbild an den Himmel.

# PEGASUS

**DAS GEFLÜGELTE PFERD**

**OBEN:** Der Pferdekörper wird von dem markanten Pegasusviereck unten links gebildet. Im Uhrzeigersinn ab dem orangefarbenen Stern direkt links von der Mitte (Scheat oder Beta Pegasi) erkennt man Markab (Alpha Pegasi), Algenib (Gamma Pegasi) und Alpheratz (Alpha Andromedae). Alpheratz gehört eigentlich nicht zu Pegasus, sondern liegt im benachbarten Sternbild Andromeda. Das Pferdemaul bildet Enif (Epsilon Pegasi) unten rechts. Der helle Stern oben rechts ist Deneb (Alpha Cygni) im Sternbild Schwan. Links davon befindet sich der rote Nordamerikanebel (NGC 7000).

# NEBEL

# INTERSTELLARE WOLKEN

**OBEN:** Der Orionnebel lässt sich mit bloßem Auge als verschwommener Fleck im Sternbild Orion beobachten.

Mit dem Begriff Sternennebel bezeichnete man früher jeden unscharfen Lichtfleck am Nachthimmel. Der 1774 erstmals erschienene Messier-Katalog von Nebeln und Sternhaufen nennt 110 Objekte. Viele der ursprünglich für Nebel gehaltenen Objekte entpuppten sich später jedoch als Galaxien. Der französische Astronom Charles Messier (1730–1817) hatte auch mehrere echte Nebel katalogisiert, u. a. den Krebsnebel, der in seinem Katalog die Nummer 1 erhielt, sowie Adler-, Trifid-, Omega- und Orionnebel. Unter Sternennebeln versteht man heute interstellare Gas- und Staubwolken innerhalb unserer eigenen Galaxis. Das interstellare Material verteilt sich nicht gleichmäßig überall, sondern es finden sich ausgedehnte dichte Ansammlungen von Gas und Staub, die sich unter gravitativem Einfluss zusammengeballt haben.

# STERNFABRIKEN

Nebel sind regelrechte Sternfabriken. Unser eigenes planetarisches System hat sich vermutlich aus einem Sonnennebel entwickelt. Neutrale interstellare Wolken (H-I-Gebiete) sind normalerweise ungewöhnlich kalt, fast –300 °C, trotzdem können z. B. Wasserstoffatome in ihnen Moleküle bilden. Solch eine Wolke nennt man dann molekulare Wolke. Ihr Hauptbestandteil ist molekularer Wasserstoff, außerdem sind Wasser, Ammoniak und Kohlenwasserstoffe vorhanden. Liegt der Wasserstoff in den Wolken in ionisierter Form vor, spricht man von einem H-II-Gebiet. Abhängig von den äußeren Bedingungen können aus interstellaren Wolken drei verschiedene Nebelarten hervorgehen: Emissions- und Reflexionsnebel, die beide optisch sichtbar sind, sowie Dunkelnebel, die man nur erkennt, wenn die Wolke Licht hinter ihr abdunkelt. H-I-Gebiete haben eine geringere Dichte interstellaren Materials. Sie bestehen aus atomarem oder molekularem Wasserstoff, leuchten nicht und lassen sich nur mittels der 21-cm-Radiowelle feststellen, die die Erscheinung aussendet. H-I-Gebiete erkennt man ebenfalls, wenn sie mit einem Emissionsnebel in Kontakt kommen, da sie bei diesem größere Helligkeit verursachen.

**OBEN:** Infrarotbild des Trifidnebels (Messier 20, NGC 6514), aufgenommen vom Spitzer-Weltraumteleskop. Er liegt 5400 Lichtjahre entfernt im Sternbild Schütze. Das Infrarotteleskop ermöglicht Forschern das Beobachten der Sternentstehung im Nebel. Innerhalb jeder der vier roten Staubwolken, die aus kleineren Objekten bestehen, finden sich embryonische Sterne. Da sich die in Richtung dieser Sterne stürzenden Partikel erhitzen, kann Spitzer sie optisch erfassen.

# EMISSIONSNEBEL

Interstellares Gas ist in der Regel unsichtbar und verdeckt weit entfernte Objekte. In der Nähe eines mächtigen Sternes oder dichten Sternhaufens wird es jedoch beleuchtet und bildet spektakuläre Emissionsnebel. Um den Nebel beleuchten zu können, muss ein solcher Stern ungewöhnlich heiß sein und die meiste Energie als Ultraviolettstrahlung emittieren. Photonen des Sternes ionisieren die interstellaren Gase, die dabei freigesetzten Elektronen werden anschließend von den ionisierten Atomkernen wieder eingefangen. Dieser Vorgang lässt sich im sichtbaren Teil des Spektrums wahrnehmen und macht Nebel zu den bemerkenswertesten Anblicken der Galaxis.

Emissionsnebel sind oft von rötlicher Farbe, weil sich Wasserstoff während des Ionisationsprozesses im roten Bereich des sichtbaren Spektrums manifestiert. Dass Wasserstoff das Bild der Emissionsnebel bestimmt, liegt nicht nur daran, dass er das häufigste Element im Universum ist, sondern auch daran, dass er mit sehr geringem Energieaufwand ionisiert werden kann. Sind die diese Nebel umgebenden Sterne so heiß, dass sie auch andere Elemente ionisieren können, entstehen Nebel mit weiteren Farben.

In Emissionsnebeln treten dunkle Flecken aus interstellarem Staub auf, die uns den optischen Blick auf Bereiche des Nebels verwehren. Sie können nur mithilfe von Radiowellen ausgewertet werden, die längere Wellenlängen haben.

**LINKS:** Hubble-Bild von dunklen Säulen aus dichtem molekularem Wasserstoff und Staub im Adlernebel (M 16). Mit ihrer Ultraviolettstrahlung verdampfen umgebende junge Sterne (außerhalb der Abbildung) das Gas der Säulen, was die blaue haloartige Wirkung hervorruft. Die Spitzen der Säulen enthalten Globulen von noch dichterem Gas, embryonische Sterne. Durch das Verdampfen der Säulen werden die Gas- und Staubmengen begrenzt, die die embryonischen Sterne ansammeln können. Der Adlernebel ist 7000 Lichtjahre von der Erde entfernt.

# REFLEXIONSNEBEL

**OBEN:** optisches Bild des Orionnebels. Er umfasst mehrere Nebel, der hellste unter ihnen ist M 42 (rosa, Mitte unten). M 43 ist der kleine runde Nebel in der Mitte links, von M 42 trennt ihn ein dünner blauer Gasstreifen. Die Nebel glühen rosa, weil der in ihnen enthaltene Wasserstoff durch die Strahlung heißer junger Sterne ionisiert wird, die sich vor kurzem in ihnen gebildet haben. Der Nebel M 42 wird von den vier Sternen des so genannten Trapezes (Mitte) beleuchtet. Der blaue Nebel NGC 1977 (oben) ist nicht ionisiert und reflektiert stattdessen das Licht von nahen blauen Sternen. Die Nebel liegen etwa 1500 Lichtjahre von der Erde entfernt.

Ist der Stern nicht heiß genug, um das Material einer nahen interstellaren Wolke zu ionisieren, wird das Licht des Sternes von der Wolke reflektiert und gestreut, wodurch sie überhaupt erst sichtbar wird. Da kürzere Wellenlängen, also der blaue Bereich des sichtbaren Spektrums, stärker gestreut werden, erscheinen die meisten Reflexionsnebel blau.

# DUNKELNEBEL

Dunkelnebel treten auf, wenn molekulare Wolken nicht von einem nahen Stern beleuchtet werden – die Partikel in der Wolke lassen sich dann nicht optisch wahrnehmen. Die Nebel bleiben normalerweise vor dem dunklen Hintergrund des Weltraums unentdeckt, manchmal aber decken sie einen Sternhaufen oder Emissionsnebel ab, sodass ihre eindrucksvolle Silhouette klar zu erkennen ist. Sternprofile werden häufig von dunklen Flecken unterbrochen, die in Wirklichkeit Dunkelnebel sind.

**OBEN:** Echtfarbenbild des Pferdekopfnebels im Sternbild Orion. Norden ist auf der Abbildung links. Die pferdekopfähnliche Form entsteht durch das Eindringen des Dunkelnebels B 33 in den hellen Emissionsnebel IC 434. Letzterer leuchtet rot, weil sein Wasserstoffgas durch Strahlung der in ihn eingebetteten heißen jungen Sterne ionisiert wird.

# MILCHSTRASSE

# UNSERE GALAXIS

Den Namen Milchstraße trägt unsere Galaxis, weil sie von der Erde aus wie ein quer über das Firmament gesetzter milchiger Pinselstrich erscheint. Dass dieses weiße Band sich aus Millionen Sternen zusammensetzt, wurde erst von Galileo Galilei erkannt, der die Erscheinung als Erster durch ein Fernrohr betrachtete. Heute geht man davon aus, dass die Milchstraße mehr als 200 Milliarden Sterne und unermessliche Mengen von interstellarem Gas und Staub enthält. Unser Sonnensystem befindet sich an der Innenseite des Orionarms, einem kleinen Spiralarm am Rand unserer Galaxis. Im 18. Jahrhundert behauptete Friedrich Wilhelm Herschel, dass sich die Erde in der Mitte der Scheibe befinde, weil die Sterndichte in beiden Richtungen ähnlich erscheint. Hierbei handelt es sich jedoch um eine optische Täuschung, denn das Sternenlicht wird von interstellarem Staub und Gas absorbiert und in beiden Richtungen gleich stark behindert, weshalb wir den Eindruck erhalten, uns in der Mitte der Scheibe zu befinden. Erst 1918 ermittelte der amerikanische Astronom Harlow Shapley (1885–1972) anhand der Entfernungen von Kugelsternhaufen die Lage der Erde in der Galaxis.

An seiner Position am Rand der Milchstraße braucht das Sonnensystem 220 Millionen Jahre für einen Umlauf um den Kern. Man kann unmöglich sagen, wie genau die Milchstraße aussieht, weil wir sie nicht von außerhalb betrachten können. Beobachtungen anderer Galaxien erlaubten jedoch in Verbindung mit detaillierten Teleskopstudien den Rückschluss, dass die Milchstraße eine große Balkenspiralgalaxie ist. In ihrer Mitte befindet sich ein Bulge, eine kugelähnliche Ansammlung von Sternen um den galaktischen Kern. Der Bulge ist umgeben von den erheblich flacheren Spiralarmen der galaktischen Scheibe. Scheibe und Bulge werden von einem galaktischen Halo umhüllt, einem dünnen Schleier aus interstellarem Staub und Dunkler Materie, durchsetzt von Kugelsternhaufen. Die Fülle der sichtbaren Materie nimmt am Außenrand der Galaxis unvermittelt ab, dennoch ist dieser Weltraumbereich eigentümlich massereich. Forscher vermuten in der Masse Dunkle Materie – Materie, die sich nicht auf dem elektromagnetischen Spektrum finden lässt. Die Dunkle Materie um die Galaxis wird als Dunkler Halo bezeichnet, Natur und Ursprung sind ungeklärt.

**RECHTS:** die Milchstraße vom Fuchs bis zum Schild.

**VORHERGEHENDE DOPPELSEITE:** optisches Bild der Milchstraße. Da die Erde in einem ihrer Spiralarme liegt, blicken wir in Richtung der Mitte und sehen die Galaxis als quer über den Himmel verlaufendes Band. Hier erkennt man zahlreiche Sternennebel (rosa).

# URSPRÜNGE

Vieles über die Entstehung unserer Galaxie liegt noch im Dunkeln. Vermutlich stürzte vor zehn bis fünfzehn Milliarden Jahren eine große Gaswolke unter dem Einfluss ihrer Eigengravitation in sich zusammen. Die ersten von der kollabierenden Wolke hervorgebrachten Sterne befinden sich heute im galaktischen Halo und können uns ein tieferes Verständnis der Ursprünge der Galaxis ermöglichen. Die Sterne im galaktischen Bulge haben in etwa dasselbe Alter wie jene im Halo. Im Gegensatz zu unserer Sonne handelt es sich um kleine, rote Sterne der Population II, so alt wie die Galaxis selbst. Die Scheibe hingegen enthält hauptsächlich Sterne der Population I, die ebenso wie unsere Sonne viel jünger und heißer sind. Wasserstoff sowie andere Gase und Substanzen endeten hier nach dem Kollaps der Gaswolke, während die Sternentstehung in der galaktischen Scheibe weitergeht.

# DIE MILCHSTRASSE BEOBACHTEN

In einer klaren Nacht kann die Milchstraße in Gebieten ohne Lichtverschmutzung als leuchtendes Sternenband beobachtet werden, das sich quer über den Nachthimmel zieht. Was man dort sieht, ist die galaktische Scheibe im Profil. Nahe dem Schützen und dem Skorpion, wo die Sternhäufigkeit im Bulge zunimmt, erscheint die Milchstraße heller. Den galaktischen Kern selbst können wir jedoch nicht sehen – interstellarer Staub hindert Amateurastronomen wie Wissenschaftler daran, den Kern zu erkennen.

**OBEN:** die Milchstraße im Skorpion und im Schlangenträger. Die Milchstraße enthält 200 bis 400 Milliarden Sterne und ihre Planeten, hat zwischen 750 Milliarden und einer Billion Sonnenmassen und einen Durchmesser von 100 000 Lichtjahren. Die Aufnahme entstand nahe Copper Mountain in Colorado in den USA.

**LINKE SEITE:** die Milchstraße vom Schild bis zum Schützen.

# GALAXIEN

# EXPANSION DES UNIVERSUMS

**OBEN:** der Dreiecksnebel (M 33, NGC 598). Die Spiralgalaxie liegt 2 Millionen Lichtjahre entfernt im Sternbild Dreieck. Sie ist mit einer Länge von 30 000 Lichtjahren relativ klein und gehört zur Klasse Sc. Folglich hat sie keinen zentralen Balken, Zentrum und Arme sind locker mit Sternen bepackt. Sie gehört zur Lokalen Gruppe, in der ebenfalls unsere Milchstraße liegt. Die Galaxie enthält Sternentstehungsgebiete mit ionisiertem Wasserstoffgas (rot).

In den frühen 1920er-Jahren wies der amerikanische Astronom Edwin Hubble (1889–1953) nach, dass unsere Galaxis, die Milchstraße, nicht das einzige Sternsystem im Universum ist. Lange hatte man geglaubt, dass Universum und Milchstraße ein und dasselbe seien, aber mit der Entdeckung weiterer Galaxien außerhalb unserer eigenen erweiterte sich die Größe des bekannten Universums erheblich.

Innerhalb von 400 Jahren war die Erde von ihrer Position als Zentrum des Kosmos degradiert worden zu einem von mehreren Planeten, die sich um einen Stern bewegen. Dieser stellte sich auch noch als ziemlich durchschnittlich heraus und befindet sich am Rand einer Galaxie, die nur eine unter zahllosen weiteren Sternsystemen ist.

# ENTDECKUNG NEUER GALAXIEN

**OBEN:** optische Aufnahme der Sombrerogalaxie (M 104 oder NGC 4594), einer Spiralgalaxie der Klasse Sa/Sb im Sternbild Jungfrau. Man blickt fast von vorne auf die Galaxie. Ursache für den dunklen Streifen, der sich durch sie zieht, ist Staub in der galaktischen Ebene. Die Aufnahme entstand mit dem 4-m-Teleskop im Kitt-Peak-Observatorium in Arizona in den USA.

Beobachtet wurden andere Galaxien immer wieder in der Geschichte, aber nur wenige Menschen hatten sich vorstellen können, dass die verschwommenen Lichtbälle nicht zu unserer eigenen Galaxis gehören. In diesen Erscheinungen vermutete der deutsche Philosoph Immanuel Kant (1724–1804) Mitte des 18. Jahrhunderts Sternengruppen, die von Schwerkraft zusammengehalten werden und von der Milchstraße unabhängige Sternsysteme sind. Dennoch ging man weiterhin davon aus, dass die „Nebel" innerhalb der Milchstraße lagen. Während des 19. Jahrhunderts sammelten sich Belege für Kants Theorie, aber erst Hubble lieferte den entscheidenden Nachweis für die große Entfernung der Nebel, sodass die Galaxien als eigenständige Sternsysteme erkannt wurden. Hubble verglich die bekannte Helligkeit von Cepheiden, veränderlichen Sternen, in den Nebeln mit der beobachteten Helligkeit und errechnete daraus ihre Entfernung von der Erde.

# SPIRALGALAXIEN

**OBEN:** die Spiralgalaxie NGC 6946. Es handelt sich um eine Starburstgalaxie, ein Sternsystem, in dem Sterne außergewöhnlich schnell geboren werden und sterben. Feststellbar ist dies an der Fülle von Sternentstehungsgebieten (rot) in den Spiralarmen der Galaxie. In NGC 6946 konnten zwischen 1917 und 2004 acht Supernovae beobachtet werden. Sie zeigte damit in jenem Zeitabschnitt die meisten dieser gigantischen Sternexplosionen. Die letzte Supernova in unserer Milchstraße fand 1604 statt. Die Galaxie liegt zwischen 10 und 20 Millionen Lichtjahre entfernt zwischen den Sternbildern Schwan und Kepheus.

Bei vielen bekannten Sternsystemen handelt es sich um Spiralgalaxien. Sie haben in der Mitte den Bulge, eine Ausbauchung, umgeben von einer in spiralförmige Arme unterteilten flachen Scheibe. Die Sterne in der Scheibe sind normalerweise jüngere Sterne der Population I, während jene im Bulge der älteren Population II angehören. Anfangs vermutete man als Ursache der Spiralarmstruktur eine differenzielle Rotation. Danach würden sich die dem Bulge am nächsten gelegenen Sterne mit größerer Geschwindigkeit um den galaktischen Kern bewegen als die Sterne am Rand der Scheibe. Da sich in diesem Fall die Spiralarme schnell um den Bulge gewickelt hätten, wurde diese Theorie später verworfen. Stattdessen geht man heute davon aus, dass die galaktische Scheibe ihre Spiralform spiralförmigen Dichtewellen verdankt. Da Wellen nicht von differenzieller Rotation beeinflusst werden, haben sie wohl verhindert, dass die Spiralarme sich um die Ausbauchung legten.

# ELLIPTISCHE GALAXIEN

OBEN: Hubble-Bild des Zentrums der aktiven Galaxie Centaurus A, die vermutlich ein massereiches Schwarzes Loch beherbergt. Centaurus A ist eine große elliptische Galaxie, die vor mehreren Millionen Jahren mit einer kleineren Spiralgalaxie zusammenstieß, was eine gigantische Sternentstehungsaktivität auslöste. Links und rechts des dunklen Staubstreifens erkennt man ausgedehnte Bereiche mit jungen blauen Sternen. Bei dem Staub handelt es sich wahrscheinlich um Überreste einer kleineren „verschluckten" Galaxie. Centaurus A liegt 10 Millionen Lichtjahre von der Erde entfernt im Sternbild Zentaur und sendet starke Radiowellen aus.

Elliptische Galaxien haben keine Spiralarme, helle Ausbauchungen oder flache Scheiben, stattdessen bilden sie eine Ansammlung von Sternen, deren Helligkeit zur Galaxiemitte hin zunimmt und sich an den Außenrändern dann allmählich abschwächt. Hubble glaubte fälschlicherweise, dass elliptische Galaxien sich zu Spiralgalaxien entwickeln könnten. Sterne in elliptischen Galaxien sind viel älter als jene in den Scheiben von Spiralgalaxien und weisen ein ähnliches Alter auf wie die Sterne in galaktischen Ausbauchungen oder einem Halo. Hierbei handelt es sich hauptsächlich um extrem alte Sterne der Population II. Darüber hinaus kommt es in elliptischen Galaxien nicht zur Sternentstehung, wenn auch durch kürzliche Beobachtungen jüngere Sternhaufen in ihnen nachgewiesen werden konnten. Erklären lässt sich das am besten mit einer Galaxienfusion, bei der kleine Galaxien und Kugelsternhaufen durch die Gravitationsanziehung einer größeren Galaxie einverleibt werden.

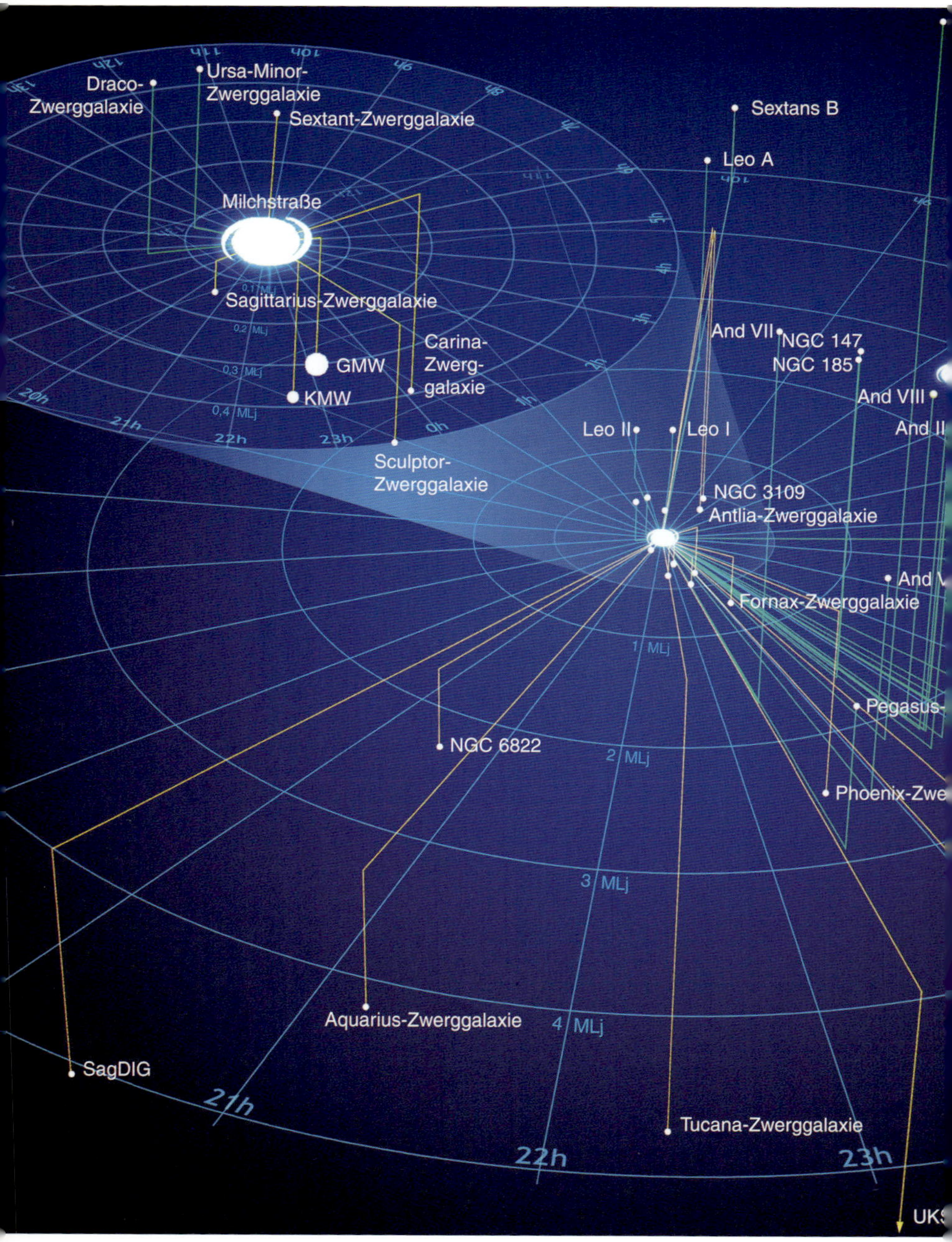

Draco-Zwerggalaxie
Ursa-Minor-Zwerggalaxie
Sextant-Zwerggalaxie
Milchstraße
Sagittarius-Zwerggalaxie
GMW
KMW
Carina-Zwerg-galaxie
Sculptor-Zwerggalaxie
0,1 MLj
0,2 MLj
0,3 MLj
0,4 MLj
20h
21h
22h
23h
0h
1h
2h
3h
4h
5h
Sextans B
Leo A
And VII
NGC 147
NGC 185
And VIII
Leo II
Leo I
NGC 3109
Antlia-Zwerggalaxie
Fornax-Zwerggalaxie
Pegasus-
NGC 6822
Phoenix-Zwe
1 MLj
2 MLj
3 MLj
4 MLj
Aquarius-Zwerggalaxie
SagDIG
Tucana-Zwerggalaxie
21h
22h
23h
UKS

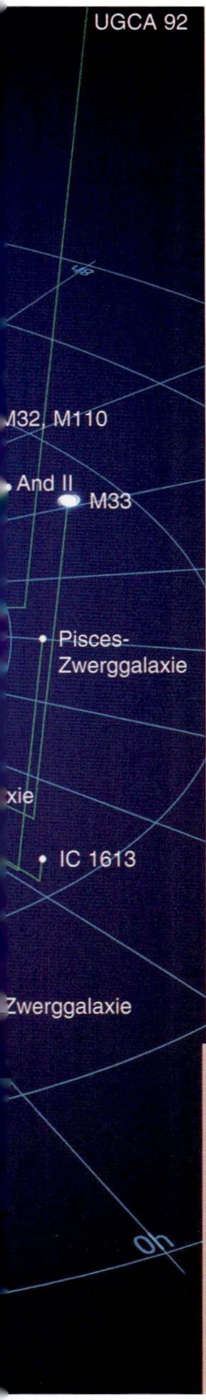


# DIE LOKALE GRUPPE

Die meisten Galaxien im wahrnehmbaren Universum bewegen sich von uns weg – Ergebnis der großen Explosion, durch die das Universum im Urknall entstand. Die Bewegung lässt sich nachweisen, weil das Licht von Sternen, die sich von uns entfernen, zu größeren Wellenlängen verschoben wird und röter erscheint. Die so genannte Rotverschiebung zeigt also an, dass sich ein Objekt vom Betrachter fortbewegt. Die nächsten Galaxien emittieren allerdings eine kürzere Wellenlänge, die im sichtbaren Spektrum blau erscheint, was auf eine Annäherung an uns hinweist. Bei ihnen übersteigt die Gravitationskraft die Wucht der Explosion, und dieser Prozess führt zur Entstehung von Galaxienhaufen. Der Galaxienhaufen, zu dem die Milchstraße gehört, wird Lokale Gruppe genannt und besteht aus über 30 Sternsystemen. Die Milchstraße ist die zweitgrößte Galaxie in der Lokalen Gruppe, die größte ist die Andromedagalaxie. Die beiden Sternsysteme dominieren gemeinsam den Galaxienhaufen. Zwölf kleinere Galaxien sind Satellitengalaxien der Milchstraße, während die restlichen zum Gefolge der Andromedagalaxie gehören. Der Schwerpunkt der Lokalen Gruppe befindet sich zwischen Andromedagalaxie und Milchstraße. Das drittgrößte Sternsystem, der Dreiecksnebel, ist die einzige weitere Spiralgalaxie der Lokalen Gruppe. Bei einem Begleiter der Andromedagalaxie, der irregulären Zwerggalaxie LGS 3, muss die Forschung noch klären, ob es sich dabei nicht um eine Satellitengalaxie des Dreiecksnebels handelt. Die viertgrößte Galaxie, die Große Magellansche Wolke, bildet gemeinsam mit ihrem Nachbarn, der Kleinen Magellanschen Wolke, das der Milchstraße am nächsten gelegene Sternsystem. Es lässt sich in Gebieten ohne Lichtverschmutzung mit bloßem Auge am südlichen Himmel beobachten. Auf der Nordhalbkugel kann man keine der beiden Wolken bewundern.

**LINKS:** Computergrafik von Galaxienhaufen der Lokalen Gruppe. Über 30 Galaxien aus dem zentralen Bereich der Lokalen Gruppe sind im Vergleich mit unserer spiralförmigen Milchstraßengalaxie (Mitte) dargestellt. Der Abstand zwischen den konzentrischen Kreisen beträgt jeweils eine Million Lichtjahre (MLj), und Linien verdeutlichen die Position der Galaxien über (grün) oder unter (orange) dem Himmelsäquator. Die radialen Linien zeigen die Uhrzeiten an. Die kleinere Karte (oben links) zeigt die Galaxien bis zu einer Entfernung von 500 000 Lichtjahren von der Milchstraße. Die größten sind Milchstraße, Andromedagalaxie (M 31, oben rechts) und Dreiecksnebel (M 33, rechts von der Andromedagalaxie). Die kleine Karte zeigt ebenfalls die beiden Satellitengalaxien der Milchstraße, die Große und die Kleine Magellansche Wolke (Mitte unten).

# WEITERE GALAXIENARTEN

**OBEN:** optisches Bild der Whirlpoolgalaxie (M 51, NGC 5194) und ihres Satelliten NGC 5195 (oben). Die interagierenden Galaxien liegen 20 Millionen Lichtjahre entfernt im Sternbild Jagdhunde. M 51 hat einen Durchmesser von 65 000 Lichtjahren und 50 Milliarden Sonnenmassen, etwa die 1,5fache Masse und Größe der Milchstraße. Die Farben verdeutlichen das Alter der Sterne. Die Kerne enthalten hauptsächlich ältere gelbe Sterne, während sich in den Spiralarmen jüngere heiße blaue Sterne finden. Die Galaxien verbindet eine dünne „Brücke" aus Gas und Staub miteinander, die NGC 5195 mittels Gravitationsanziehung aus der größeren Galaxie herauszieht.

Irreguläre Galaxien besitzen scheinbar keine spezielle Struktur und passen weder in die elliptische noch die Spiralkategorie. Sie enthalten jüngere Sterne der Population I, und es bilden sich in ihnen noch immer neue Sterne. Irreguläre Sternsysteme sind die jüngste Galaxienart. Vermutlich entwickeln sie sich im Lauf der Zeit zu Spiral- oder elliptischen Galaxien weiter, d.h., ihr Lebenszyklus schreitet entweder von einer irregulären über eine Spiral- zu einer elliptischen Galaxie fort oder direkt von einer irregulären zu einer elliptischen Galaxie.

Wenn Galaxien Ähnlichkeit sowohl mit elliptischen als auch mit Spiralgalaxien aufweisen, werden sie Spindelgalaxien genannt. Diese linsenförmigen Sternsysteme sind elliptischen Galaxien in Form und Alter vergleichbar und werden ebenso wie Spiralgalaxien von einer Scheibe umgeben, allerdings ohne Spiralarme.

# ANDROMEDA

Die Andromedagalaxie ist die größte Galaxie der Lokalen Gruppe. Sie hat die 6,5fache Masse der Milchstraße und ist nach gegenwärtigem Forschungsstand etwa 2,2 Millionen Lichtjahre von uns entfernt. Das macht sie zu dem am weitesten entfernten Objekt, das noch mit bloßem Auge am Firmament zu erkennen ist. Die Andromedagalaxie ist eines von 110 am nördlichen Himmel sichtbaren Objekten, die von dem französischen Astronomen Charles Messier katalogisiert wurden. Als 31. Objekt des Messier-Katalogs trägt sie den Namen M 31. Hubble identifizierte sie 1924 anhand von Cepheiden im „Andromedanebel" als ersten Ort außerhalb unseres Milchstraßensystems. Andromedagalaxie und Milchstraße bewegen sich mit unglaublicher Geschwindigkeit aufeinander zu. In drei Milliarden Jahren werden die beiden Sternsysteme vermutlich zusammenprallen und zu einer einzigen riesigen elliptischen Galaxie verschmelzen.

**OBEN:** optisches Bild der Andromedagalaxie, das am nächsten an unserer Milchstraße gelegene größere Sternsystem. Die Spiralgalaxie der Klasse Sb ist die größte Galaxie der Lokalen Gruppe, hat einen Durchmesser von 150000 Lichtjahren und liegt 2,2 Millionen Lichtjahre entfernt. Die Andromedagalaxie besitzt zwei kleine Satellitengalaxien: M 32 (NGC 221, ganz oben rechts) und M 110 (NGC 205, Mitte unten). Die Aufnahme entstand mit dem 0,9-m-Teleskop im Kitt-Peak-Observatorium im US-Bundesstaat Arizona.

# DAS UNIVERSUM

# KOSMOLOGIE

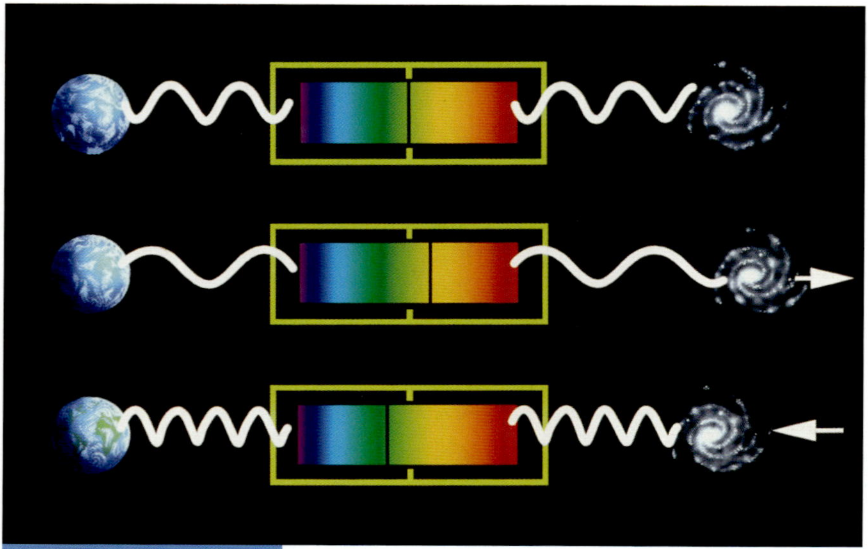

**OBEN:** die Rot- und die Blauverschiebung. Das Diagramm veranschaulicht den Doppler-Effekt, eine Veränderung der Wellenlänge infolge der Bewegung der Strahlungsquelle im Verhältnis zum Betrachter. Oben zeigt eine dunkle senkrechte Linie die Position einer Absorptionslinie, wenn Erde (links) und Galaxie (rechts) relativ unbewegt sind. Entfernt sich die Galaxie von der Erde (Mitte), verschieben sich die Absorptionslinien zu größeren Wellenlängen hin und zum roten Ende des Spektrums (Rotverschiebung). Bewegt sich die Galaxie in Richtung Erde (unten), verkürzen sich die Wellenlängen, und die Absorptionslinien verschieben sich zum blauen Ende des Spektrums (Blauverschiebung).

Die Kosmologie befasst sich mit der Erforschung von Ursprung, Evolution und Struktur des Universums. Jahrhundertelang herrschte eine kreationistische Weltanschauung vor, nach der ein oder mehrere Götter das gesamte Universum schufen. Erst im 20. Jahrhundert, als weitere Galaxien entdeckt wurden und sich das bekannte Universum dramatisch erweiterte, erhielt die Kosmologie eine wissenschaftliche Grundlage. Durch die Beobachtung anderer Galaxien konnten Astronomen mehr über die Struktur und Evolution des Universums erfahren. Die meisten Wissenschaftler stimmten darin überein, dass die Rotverschiebung, bei der sich das Licht kosmischer Objekte, die sich vom Betrachter wegbewegen, immer weiter in den Rotbereich des Spektrums übergeht, die allgemeine Expansion des Universums beweist. Sie bildet die Grundlage zweier gegensätzlicher Theorien: der Steady-State- und der Urknalltheorie. Trotz der Fortschritte in der wissenschaftlichen Kosmologie sind auf der ganzen Welt immer noch religiös begründete Vorstellungen über den Ursprung des Universums lebendig.

# DIE STEADY-STATE-THEORIE

1948 stellten Fred Hoyle, Thomas Gold und Herman Bondi die Theorie auf, dass das Universum in Zeit und Größe ewig und unendlich ist – ohne Anfang und ohne Ende. Obwohl dies auf den ersten Blick ein statisches Universum nahe legt, ging es ihnen keineswegs darum, die neuen Hinweise auf ein expandierendes Universum zu widerlegen. Sie integrierten diese vielmehr in ihr Konzept eines fortwährend gleichen Zustands, indem sie die Theorie aufstellten, dass das Universum zu allen Zeiten gleich aussieht und dass, während sich Galaxien von der Milchstraße entfernen und aus dem Blick verschwinden, neue Galaxien aus neuer Materie entstehen. Somit bleibt die Dichte des Raumes konstant, und das wahrnehmbare Universum erscheint unverändert.

**OBEN:** Blick durch den Galaxienhaufen Abell 1689 auf Spindelgalaxien (Bögen). Abell 1689 befindet sich 2,2 Milliarden Lichtjahre von der Erde entfernt und ist so massereich, dass er sogar die Lichtstrahlen von weit hinter ihm befindlichen Galaxien krümmt. Die gewaltige „Linse" lässt sich für das Erkunden weit entfernter Galaxien einsetzen, die ohne den Galaxienhaufen nicht beobachtet werden könnten. Die feinen Bögen zeigen bis zu 13 Milliarden Lichtjahre entfernte Galaxien in dem Zustand, in dem sie waren, als das Universum weniger als eine Milliarde Jahre alt war.

**VORHERGEHENDE DOPPELSEITE:** mehrere tausend noch nie zuvor erblickte, extrem weit entfernte Galaxien. Dies ist der bisher tiefste Blick ins Universum. Die meisten dieser Galaxien sind etwa 12 Milliarden Lichtjahre entfernt – um zur Erde zu gelangen, musste ihr Licht drei Viertel des bekannten Universums durchqueren. Die Galaxien liegen im Südsternbild Tukan.

# DER URKNALL

Noch vor der Steady-State-Theorie vermutete 1927 der belgische Astronom und Theologe Georges Lemaître, dass das Universum seinen Ursprung in der Explosion eines „Uratoms" nahm. Die ursprünglich abfällig gemeinte Bezeichnung Urknall prägte Fred Hoyle, um die Theorie zu veralbern. Die kosmologische Vorstellung von einem einzelnen Atom als „Keimzelle" des Universums fand aber dennoch Anhänger, etwa den amerikanischen Physiker George Gamow, der Lemaîtres Idee weiterentwickelte. Ausgehend davon, dass das Universum expandiert und die Galaxien sich voneinander entfernen – was in der Rotverschiebung nachweisbar ist –, muss es in einer bestimmten Stufe in der Geschichte des Universums zwangsläufig einen Ursprungspunkt gegeben haben, einen physikalisch singulären Zustand. An diesem Ursprungspunkt kam es zu einer großen Explosion, und seit diesem Augenblick expandiert das Universum und kühlt sich dabei ab.

Die Steady-State-Theorie erfreute sich in den 1950er-Jahren großer Beliebtheit, doch zunehmend auftretende Widersprüche wendeten schließlich das Blatt zugunsten der Urknalltheorie als der plausibleren Erklärung für die Entwicklung des Universums. Als problematisch erwies sich in diesem Zusammenhang unter anderem die Entdeckung von Radiogalaxien, sehr jungen Galaxien mit starker Radiostrahlung. Nach der Steady-State-Theorie entstehen junge Galaxien homogen durch das gesamte Universum, während die Urknalltheorie die Existenz junger Galaxien verneint und besagt, dass alle Galaxien seit der Zeit des Urknalls gealtert sind. Dass die am weitesten entfernten Galaxien jung erscheinen, führen die Anhänger der Urknalltheorie auf die vielen Milliarden Jahre zurück, die das Licht und andere Strahlungen für die lange Reise zu uns brauchten. Die große Entfernung der Radiogalaxien bestätigte also die Urknalltheorie.

Weitere Zweifel an der Steady-State-Theorie folgten 1963 mit der Entdeckung von mächtigen Radioquellen, die später Quasare (quasi-stellare Radioquellen) genannt wurden. Bald darauf entdeckte man mehrere Quasare, die verschiedene starke elektromagnetische Strahlung emittieren, nicht nur Radiowellen. Diese Quellen mussten sich Milliarden Lichtjahre von der Erde entfernt befinden. Ebenso wie die Radiowellen unterhöhlte die Entdeckung der Quasare die Steady-State-Theorie, laut der ja galaktische Phänomene wie Quasare homogen in der Galaxie auftreten müssten, nicht nur am äußersten Rand des sichtbaren Weltraums. Mit der Urknalltheorie waren die Quasare hingegen leicht vereinbar. Danach stammen sie aus einem sehr frühen Stadium des Universums und sind über die gewaltigen Entfernungen nur deshalb noch sichtbar, weil es so lange dauerte, bis ihr Licht und andere Strahlung zu uns gelangte.

Wenn auch die weit entfernten Quasare und Radiogalaxien Zweifel an der Steady-State-Theorie weckten, waren sie noch kein direkter Beleg für die Urknalltheorie. Deren Anhänger brauchten also noch weitere Fakten, auf die sie sich stützen konnten. Sie glaubten, dass das Universum infolge der gewaltigen Explosion eine Strahlung emittieren müsste, die sich gleichmäßig überall im Weltraum ausbreitet. Kurz gesagt: Wenn es den Urknall gegeben hat, müsste sich seine Reststrahlung überall im Weltraum finden.

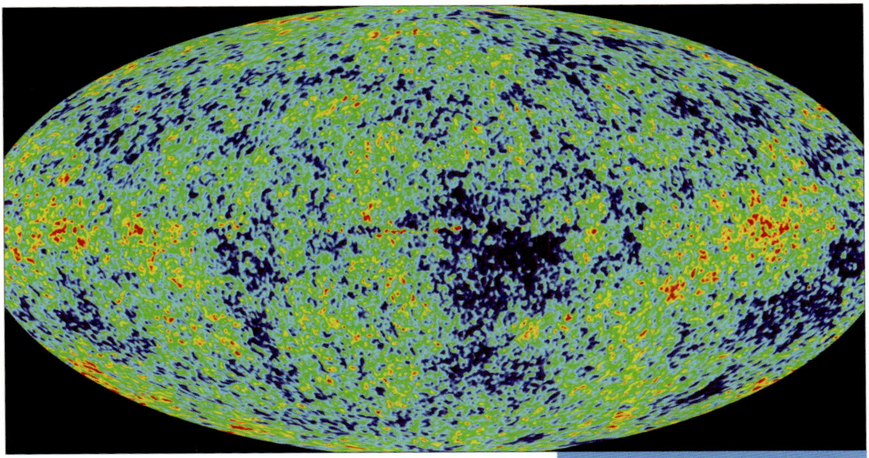

1965 befassten sich die Physiker Arno Penzias und Robert Wilson für das amerikanische Unternehmen Bell Telephone Laboratories mit der Satellitentelefontechnologie. Um Satellitensignale zu empfangen, mussten sie alle Interferenzen ausschalten, doch schwache, aber konstante Hintergrundinterferenzen verhinderten jeden Kontaktversuch mit dem Satelliten. Sie schienen nicht von einem bestimmten Standort, sondern von überall her aus dem Weltraum zu kommen – zufällig hatten sie mit der multidirektionalen Quelle genau die von den Urknalltheoretikern gesuchte Strahlung entdeckt. Es handelt sich um eine Strahlung im Mikrowellenbereich, die heute als kosmische Hintergrundstrahlung bezeichnet wird. Ihre Entdeckung lieferte ein entscheidendes Indiz für die Urknalltheorie und trug dazu bei, die Steady-State-Theorie als wichtigstes Beschreibungsmodell für die Evolution des Universums zu verdrängen.

**OBEN:** Ganzhimmelsaufnahme des kosmischen Mikrowellenhintergrunds, aufgenommen vom Satelliten MAP (Microwave Anisotropy Probe). Anhand der Karte lässt sich das Alter des Universums mit 13,7 Milliarden Jahren bestimmen. Die Daten ergeben eine Expansion des Universums pro Megaparsec (Mpc) um 71 km/s (1 Mpc = 3262 Lichtjahre). Die Farben weisen auch auf Schwankungen der Temperatur des Universums in alle Richtungen hin. Die Aufnahme zeigt die Materialdichte in einer frühen Phase, als das Universum etwa 380 000 Jahre nach seiner Entstehung transparent wurde. Die dichten Bereiche (rot, gelb) bildeten die Keimzellen von Galaxien und anderen Strukturen. Die Daten stammen von 2003.

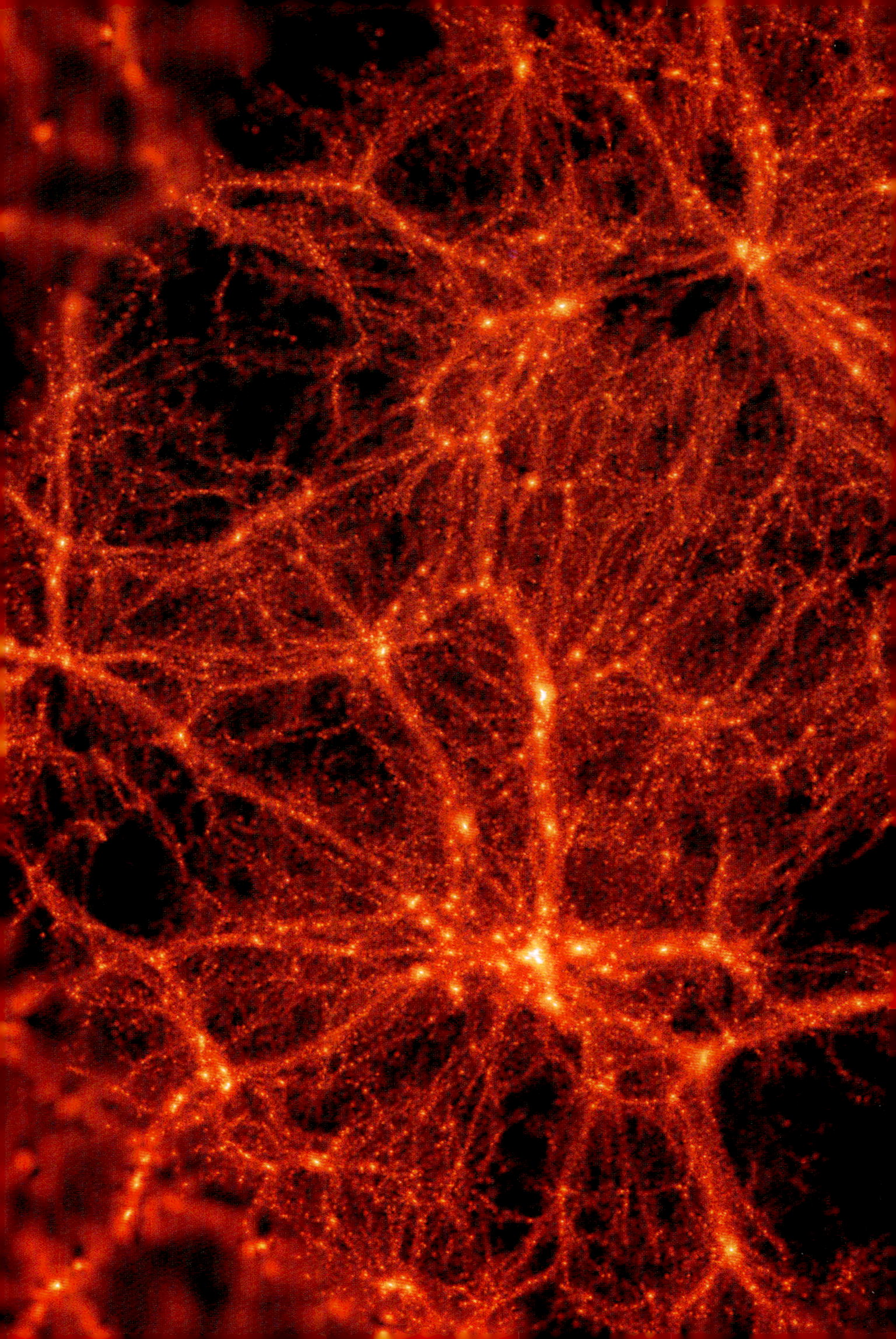

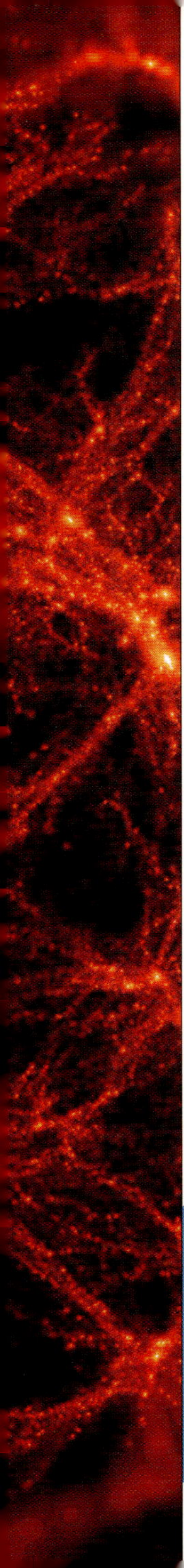

# DER BIG CRUNCH

Forscher sehen sich mit der Frage konfrontiert, ob das Universum fortwährend expandiert oder möglicherweise sich zusammenzuziehen beginnt. Denn bei einigen erdnahen Galaxien wie der Andromedagalaxie tritt eine Blauverschiebung statt einer Rotverschiebung auf. Sie bewegt sich folglich auf uns zu, weil sich bei der Annäherung an einen Betrachter die Wellen zu kürzeren Frequenzen verschieben und blauer erscheinen. Der Grund für die Annäherung liegt darin, dass die Schwerkraft ausreicht, um nahe gelegene Galaxien anzuziehen.

Einige Urknalltheoretiker sehen in der Blauverschiebung aber einen Hinweis auf den Big Crunch, eine Art Endknall, nachdem sich das Universum wieder zusammengezogen hat und alle Materie im All wieder auf den singulären Zustand zurückgefallen ist, von dem sie ihren Ausgang nahm – und dann hätte die Zeit ihr Ende erreicht.

Damit sich die Expansion umkehren und der Big Crunch auftreten kann, muss das Universum eine gewisse Dichte der Materie und Energie erreichen. Dieser Grenzwert wird als kritische Dichte bezeichnet. Nach der Urknalltheorie entsteht keine neue Materie oder Energie, und das Universum besaß beim Urknall seine maximale Dichte. Nun wird untersucht, ob sich die Dichte des Universums über oder unter dem kritischen Wert befindet.

Nach neuesten Berechnungen unterschreitet sie möglicherweise die kritische Dichte, was die weitere Expansion des Universums zur Folge hätte. Bei der Dichteberechnung ist jedoch die Berücksichtigung von Dunkler Materie und Energie problematisch. Somit sind unendliche Expansion wie auch Big Crunch Optionen.

Einige Anhänger des Big Crunch gehen davon aus, dass sich der gesamte Vorgang wiederholt, sobald das Universum kollabiert ist – anders gesagt: Es könnte zu einem neuen Urknall kommen. Eventuell ist dieser Vorgang bereits häufiger aufgetreten, dann stellte unser Universum nur eines in einer Folge von Universen dar.

**LINKS:** Supercomputersimulation der Verteilung Dunkler Materie im lokalen Universum. Dunkle Materie ist eine Materieform, die nicht von Teleskopen erfasst werden kann, weil sie keine Strahlung emittiert. Auf ihre Existenz lässt sich allein durch ihre Gravitationswirkung auf sichtbare Materie schließen. Vermutlich besetzt sichtbare Materie (wie Galaxien) die Halos von Dunkler Materie (helle Punkte). Die Halos werden durch Fäden aus kalter, unsichtbarer Dunkler Materie (rot) miteinander verbunden. Die Simulation berücksichtigt die beobachtete Galaxienverteilung.

# REGISTER

## H



## I



## J



## K



## L

# Alle Abbildungen mit freundlicher Genehmigung der Science Photo Library

David P. Anderson SMU/NASA (42);
Julian Baum (200, 201, 202, 203, 206, 207, 208, 209, 210, 211, 212, 213, 216);
Wesley Bocxe (65); Chris Butler (129, 160, 169);
California Association For Research In Astronomy (136, 142);
Celestial Image Co. (224); John Chumack (165, 170, 190, 229, 230, 231);
Chris Cook (84); Tony Craddock (16); ESA/DLRFU Berlin/G. Neukum (86, 96, 99);
Dr Fred Espenek (30, 177, 186); European Southern Observatory (194);
European Space Agency (98, 135); Mark Garlick (11, 12, 36, 48, 126, 188, 238);
Robert Gendler (218, 220); Francois Gohier (178); H420/131 (163);
Tony & Daphne Hallas (226, 234); Roger Harris (62, 214); Mehau Kulyk (19);
Larry Landolfi (78, 85); M. Ledlow (37); Jerry Lodriguss (22, 23, 176);
Jon Lomberg (205); Max Planck Ins. For Astrophysics (249);
G. Antonio Milani (80); Mount Stromlo & Siding Spring Observatories (192, 221, 225);
NASA (2, 18, 26, 28, 31, 33, 38, 40, 45, 46, 47, 49, 50, 52, 57, 58, 61, 66, 68, 70, 72, 73, 76, 77, 82, 89, 95, 100, 101, 102, 106, 108, 109, 110, 112, 114, 116, 117, 118, 120, 123, 127, 128, 130, 132, 133, 140, 141, 148, 150, 151, 152, 154, 156, 159, 162, 172, 174, 175, 187, 247); NASA/ESA/STScl (3, 90, 122, 124, 134, 139, 145, 158, 166, 167, 191, 222, 232, 237, 242, 245)
NASA/JPL/Cornell (4, 92); Adam Nieman (166); NOAO (235, 241);
NOAO/AURA/NSF (236); David Nunuk (14); Parker (244);
lanetry Visions Ltd (54, 56, 60); John Sanford (69);
Eckhard Slawik (44, 74, 79, 198, 204, 215, 217); SOHO/ESA/NASA (20, 24, 27);
Sheila Terry (138); Joe Tucciarone (88, 193);
Ulli Steltzer, US Geological Survey (34, 144, 146);
Detlev Van Ravenswaay (8, 32, 41, 94, 97, 104); Jason Ware (240); Frank Zullo (10)

## Danksagung

Dieser Band wäre nicht möglich gewesen ohne die Unterstützung folgender Personen:
Jane Benn, Mathilda Hoyle, Hayden Wood, Richard Betts, Kevin Davis,
Sarah Rickayzen, Cliff Salter, Melanie Cox.
Layout von John Dunne.